OSTWALDS KLASSIKER
DER EXAKTEN WISSENSCHAFTEN
Band 280

MANFRED STRUMPF
zum
70. Geburtstag

AF891201

Franz Xaver von Zach
13.6.1754 - 2.9.1832

Abb. 1 Offenbar vielfach als Einzelblatt verteilt, steht dieses Bild auch am Beginn des 49. Bandes von Nicolais Neuer Allgemeiner teutschen Bibliothek (1800). 1800 wurde Zach Auswärtiges Mitglied der Berliner Akademie der Wissenschaften.

OSTWALDS KLASSIKER
DER EXAKTEN WISSENSCHAFTEN
Band 280

Astronomie der Goethezeit

Textsammlung aus Zeitschriften und Briefen
Franz Xaver von Zachs

Ausgewählt und kommentiert
von
Peter Brosche

Verlag Harri Deutsch, Thun und Frankfurt am Main

Die Deutsche Bibliothek - CIP-Einheitsaufnahme

Zach, Franz Xaver von:
Astronomie der Goethezeit : Textsammlung aus Zeitschriften und Briefen Franz Xaver von Zachs / ausgew. und kommentiert von Peter Brosche. - 2. überarb. Aufl. - Thun ; Frankfurt am Main : Deutsch, 1998
(Ostwalds Klassiker der exakten Wissenschaften ; Bd. 280)
ISBN 3-8171-3400-2

ISBN 3-8171-3400-2

Jede Verwertung außerhalb der Grenzen des Urheberrechtsgesetzes ist ohne Zustimmung des Verlages unzulässig und strafbar. Das gilt insbesondere für Vervielfältigungen, Übersetzungen, Mikroverfilmungen und die Einspeicherung und Verarbeitung in elektronischen Systemen.
Der Inhalt des Werkes wurde sorgfältig erarbeitet. Dennoch übernehmen Autoren, Herausgeber und Verlag für die Richtigkeit von Angaben, Hinweisen und Ratschlägen sowie für eventuelle Druckfehler keine Haftung.
© Verlag Harri Deutsch, Thun und Frankfurt am Main, 1998
2. überarbeitete Auflage 1998
Druck: Rosch - Buch Druckerei GmbH, Scheßlitz
Printed in Germany

Inhalt

Einleitung

Auch der Herausgeber dieser Sammlung muß zuerst dem schönen Brauch huldigen, den Titel zu erklären, der wie immer zu viel und zu wenig verspricht und eben nicht leisten kann, was die alten barocken Titel vermochten.

Die „Goethezeit" soll *zeitlich* ein Intervall andeuten, das aber enger gemeint ist als das der literarischen Verwendung des Begriffs. Sie soll aber auch *räumlich* auf Thüringen hinweisen – und ganz speziell auf Gotha und Franz Xaver von Zach.

Wir stellen heute mit Verwunderung fest, daß um 1800 unter ausgesprochen widrigen äußeren Umständen ein silbernes Zeitalter der Astronomie im deutschen Sprachraum ausbrach. Forscht man nach den notwendigen Bedingungen für dieses Florieren, so stößt man irgendwann auf den Namen eines Unbekannten, der heute nicht mehr der Ehre der Lexika für würdig befunden wird: eben Franz Xaver von Zach, und er vor allem in seiner Gothaer Zeit. Ich möchte es ausdrücklich vermeiden, ihn etwa als den ersten Wissenschaftsmanager oder dergleichen zu bezeichnen. Abgesehen von meinem persönlichen Widerwillen gegen solche retrospektiven Modernismen würde es auch die Wahrheit nur teilweise treffen.

Zach hat die Mittel der Organisation, die uns heute selbstverständlich sind, nicht nur benutzt, sondern sogar eingeführt, und er hat sie eigentlich alle eingeführt: Zeitschriften, Kongresse, Vereinigungen mit Vereinbarung zu koordinierter Zusammenarbeit. Darüber hinaus war er aber auch führend auf Gebieten, die heute weniger zum Bild des Organisators gehören, obwohl sie vielleicht noch wichtiger sind: im Suchen und Fördern von neuen Talenten, ebenso wie bei der Schaffung von neuen Observatorien.

All das konnte er aber nur deswegen erfolgreich tun, weil er selber Forscher war. Ohne diese ganz persönliche Erfahrung wären seine sonstigen Aktivitäten weder vom Motiv her noch in ihren Erfolgen zu verstehen.

Diese Sammlung soll auch dem etwas einseitigen Eindruck entgegenwirken, den wir von der Astronomie dieser Zeit gewöhnlich haben. Speziell nach den Formulierungen von Bessel hatte sich ihr ernstzunehmender Teil ausschließlich den Positionen und Geschwindigkeiten der Himmelskörper zu widmen, hätte sich also auf

Koordinatenlisten und ihren theoretischen Überbau – die Himmelsmechanik - zu beschränken. Erstens hat das nicht einmal Bessel durchgehalten, zweitens die Zeitgenossen erst recht nicht, und drittens subsummieren wir zwar die große Entdeckung der chanik, sie hat die Geister aber noch weit mehr angeregt, z.B. zu kosmologischen Vorstellungen und zur Einwirkung großer einstürzender Massen auf die Entwicklung der Erde.
Entgegen der 'normalen' – nämlich auf ein Thema fokussierten – Blickrichtung dieser Reihe geht es hier also weniger um die Tiefe als um die *Breite* eines wissenschaftlichen Spektrums und dies nicht nur quantitativ, sondern auch qualitativ im Sinne vieler wissenschaftlicher und menschlicher Klangfarben. Vollständigkeit war unmöglich; es wurde versucht, Texte zu geben, die zugleich mehrere Aspekte repräsentieren. So steht z.B. „Die Entdeckung der Ceres" nicht nur für den Beginn der Planetoidenforschung, sondern auch für die wissenschaftsgeschichtlichen Pfade, die dahin führen; gleichzeitig enthält sie den Bericht über die Gründung der ersten astronomischen Vereinigung.

Biographische Skizze

B. A. von Lindenau (1780-1854), Schüler, Freund und zeitweiliger Nachfolger Zachs als Direktor der Seeberg-Sternwarte, hatte wohl früher die Absicht gehegt, über ihn eine ausführlichere Biographie zu verfassen [16, S. 71]. Wie viele solcher Pläne ist auch dieser versandet, es darf jedoch nach den einleitenden Äußerungen von Galle als sicher gelten, daß er sich den nachfolgenden Text von Lindenau erbeten hat.

Da der Direktor der damaligen Berliner Sternwarte, Encke, vorher seinerseits Nachfolger Lindenaus auf dem Seeberg geworden war und noch selbst mit Zach in brieflicher Verbindung stand [9], dürfte er es über alle sachlichen Motive hinaus als eine Ehrenpflicht angesehen haben, die lange Reihe der MC-Bände durch ein Register zu erschließen und seinen Gehilfen Galle damit zu beauftragen. Lindenau, damals schon siebzigjährig, sind drei Flüchtigkeitsfehler unterlaufen, die wir wie auch sonst nicht im Text berichtigt haben: Zach kam 1786 in Gotha an und nicht 1787. Ernst II. starb nicht im Mai, sondern April 1804 (es war aber das Mai-Heft der AGE, das dann im schwarzen Umschlag erschien). Die Herzogin starb 1827 und im selben Jahr ging Zach nach Paris.

In seinem Testament [16, S. 185/6] verfügte Lindenau: „Da ich meinem Lehrer, Wohltäter und Freund, dem im Jahre 1833 [richtig 1832] in Paris verstorbenen Franz Freiherrn von Zach den bessern Theil meiner geistigen Bildung, die günstige Gestaltung meiner Lebenslaufbahn und einen bedeutenden Theil meines Vermögens verdanke, so soll die im Vorstehenden gemachte Stiftung den Namen

Lindenau-Zachsche Stiftung

führen." Die Stiftung ist während der Inflation erloschen. Das bedeutende Museum in Altenburg trägt zu Recht Lindenaus Namen.

Während es von Lindenau viele Portraits gibt, sind von Zach lediglich vier bekannt ([22], [6]). Das in [6] genannte Altersbild hat sich als Teilkopie eines in Altenburg befindlichen „Ur-Bilds" herausgestellt [11a].

Hinweise und Abkürzungen

Die wiedergegebenen Texte werden durch

---

*

Text

*

---

von den Erläuterungen des Herausgebers abgegrenzt. Weglassungen in den Texten sind durch [...] gekennzeichnet; gelegentlich stehen auch kurze Inhaltsangaben des ausgelassenen Textes in [ ]. *Ziffern* in eckigen Klammern verweisen überall auf das Literaturverzeichnis am Ende, ggf. ergänzt durch Seitenzahlen. Die Fundstellen der ausgewählten Texte werden unmittelbar vor diesen angegeben. Das Literaturverzeichnis ist alphabetisch nach Verfassern geordnet, daher erscheinen die Ziffern im Text nicht in monotoner Reihenfolge. Literaturhinweise werden auch im Text gegeben, ohne Wiederholung im Verzeichnis. Die durchnumerierten Anmerkungen unter den Seiten werden dann durch ein „H" eingeleitet, wenn sie vom Herausgeber stammen.

Für die Sonne tritt gelegentlich das Symbol $\odot$ auf.

Bei ekliptikalen Längen war früher die große Einheit 1 (Zodiakal-) Zeichen = 30° mit dem Symbol Z oder S üblich, 9Z also = 270°.

Folgende Abkürzungen werden für häufig erwähnte Periodika gebraucht:

AGE	Allgemeine Geographische Ephemeriden, Weimar ab 1798
BAJ	Astronomisches Jahrbuch, Berlin ab 1776
CA	Correspondance astronomique etc., Genua ab 1818
MC	Monatliche Correspondenz, Gotha ab 1800
ZfA	Zeitschrift für Astronomie, Tübingen/Stuttgart ab 1816
AN	Astronomische Nachrichten, Altona ab 1821

Nach den Abkürzungen folgen: Band (Erscheinungsjahr) Seite.

„BAJ für das Jahr X" weist auf das Gültigkeitsjahr des Ephemeridenteils hin, erschienen sind die Bände in der Regel drei Jahre vorher.

Bei den faksimilierten Texten wurden die originalen Seitenzahlen weggelassen; diese Texte werden nicht immer in ganzen Seiten gegeben.

Quelle:
Aus dem Vorwort zum Register zu von Zach's Monatlicher Correspondenz ... angefertigt von Dr. J. Galle, Gehülfen bei der Sternwarte zu Berlin, Gotha, Becker 1850

*

Nicht unpassend erschien es mir schließlich, diesem Anhange zu der Monatlichen Correspondenz, als dem umfangreichsten und bekanntesten Werke des Freiherrn von Zach, einige Lebensnachrichten über denselben beizufügen, und wandte ich mich deshalb an einen vieljährigen Freund desselben, auf dessen Mittheilungen die nachstehende historische Übersicht beruht.

Franz Xaver von Zach,

geboren den 13. Juni 1754 zu Pesth, wurde wahrscheinlich in einem Jesuiten-Convent erzogen und in diesem für mathematische Wissenschaften gebildet: allein bereits frühzeitig trat zwischen ihm und dem Orden eine Trennung ein, die auf seine späteren Lebensverhältnisse einflußreich war und zu fortwährenden Mißhelligkeiten Veranlassung gab. Das Wesentlichste, was Zach über und gegen die Jesuiten geschrieben hat, findet sich in der 1818-26 in Genua erschienenen Correspondance astronomique. – Als österreichischer Ingenieur nahm er eine Zeit lang mit Liesganig an den österreichischen Vermessungen Theil, um aus unbekannten Gründen in den 80er Jahren sein Vaterland für immer zu verlassen; nach einem kürzeren Aufenthalt in Paris ging er nach London, wo er mehrjährig im Hause des sächsischen Gesandten Grafen Brühl als Lehrer und Gesellschafter lebte und sich vorzugsweise mit practischer Astronomie beschäftigte. Hier lernte ihn, während eines Besuches in England, der Herzog Ernst von Sachsen-Gotha kennen, der voll regen Eifers für Beförderung der Wissenschaften und namentlich beobachtenden Astronomie die Errichtung einer Sternwarte in Gotha bereits früher beschlossen hatte und deren Anlage und Leitung dem Freiherrn von Zach übertrug. So kam letzterer im Jahre 1787 nach Gotha, wo er den Plan einer neuen mit den vorzüglichsten Instrumenten auszurüstenden Sternwarte bearbeitete und deren Erbauung auf dem Seeberg beaufsichtigte. Zum ersten Director der neuen Anstalt im Jahre 1789 ernannt, verblieb er daselbst bis zu dem im Mai 1804 erfolgten Tode seines erfolgten Todes seines Beschützers des Herzogs Ernst, in fortwährender, unermüdeter Thätigkeit für Beförderung und Ausbreitung der practischen Sternkunde. Seine Bemühungen gelangen, und durch seinen Ruf, seine Schriften und seine über ganz Europa ausgedehnten Verbindungen erhob sich die Sternwarte Seeberg in wenigen Jahren zu einem astronomischen Vereinigungspunct, wie es früherhin wohl keinen gegeben hatte. Zu seinen letzten dortigen größeren Arbeiten gehörte die im Jahre 1803 begonnene, allein leider von ihm nicht vollendete, Thüringisch-Preußische Gradmessung: denn nach dem Ableben des Herzogs Ernst zum Oberhofmeister der verwittweten Herzogin Amalie ernannt, bereiste er in deren Begleitung während des Herbstes und Winters 1804-5 das südliche Frankreich, um bei der Rückkehr nach Sachsen den Wittwensitz der letzteren das Schloß Eisenberg zu bewohnen und auch daselbst eine kleine Sternwarte zu begründen. Allein dieser Aufenthalt dauerte nur bis zum Sommer 1807, wo eine Reise nach Süd-Deutschland und Italien angetreten und nach mehrfachen astronomisch-geographischen Arbeiten - Zach führte überall einen Reichenbachschen Repetitionskreis, Sextanten und Chronometer mit sich - ein längerer Wohnsitz in und bei Marseille genommen und erst im Jahre 1813 in Folge der südfranzösischen Unruhen mit dem zu Genua vertauscht wurde. Doch schon im Jahre 1814 fand eine neue Reise nach Neapel statt, wohin Zach von dem damaligen König Murat zur Anlegung einer Sternwarte berufen worden war. Die Seereise wurde durch einen heftigen Sturm lebensgefährlich, und politisch merkwürdig insofern, als das neapolitanische Kriegsschiff mehrere Tage bei der damals von Napoleon bewohnten Insel Elba anzulegen genöthigt war. Der völlig erfolglose Aufenthalt in Neapel war mit Gefahr und Unannehmlichkeiten verknüpft, indem der während dem erfolgte Sturz Murats und die damit verbundenen revolutionären Auftritte zur schnellen Abreise und zur Rückkehr nach Genua veranlaßten. Hier verblieb Zach bis zu dem im Jahre 1826 daselbst erfolgten Tode der Herzogin Amalie, wo er nach Paris reiste, um gegen die seit mehreren Jahren empfundenen Steinschmerzen bei Civiale Hülfe zu suchen. Die Operation gelang und scheinbar geheilt kam Zach im Jahre 1827 nach Frankfurt a.M., was jedoch wegen wiederkehrender Krankheit bereits in dem darauf folgenden Jahre wieder wieder verlassen und abermalige Hülfe bei Civiale in Paris gesucht wurde. Dies war die letzte Ortsveränderung eines viel bewegten Lebens, indem er im Herbst 1832 (den 2. Sept.) an einem Cholera-Anfalle im 79sten Jahre zu Paris verstarb und auf dem Kirchhof Père de la Chaise beerdigt wurde, wo seine Ruhestätte durch ein von seinem Schüler und Freunde ihm dort errichtetes kleines Denkmal bezeichnet ist. – Mit Ausnahme der letzten krankhaften Jahre seines Lebens war Zach fortwährend für Beförderung der Sternkunde durch Beobachtung, Rechnung und literarische Arbeiten unermüdlich thätig. Die Beweise seines astronomischen Wirkens und Schaffens finden sich:

für seinen ersten Aufenthalt in Deutschland, in den Berliner Jahrbüchern der letzten 80er und ersten 90er Jahre und den dazu erschienenen Supplementbänden, dann in den Allgemeinen Geographischen Ephemeriden 1798-1800 und in der Monatlichen Correspondenz 1800-14, und während seines italienischen Aufenthaltes in der Correspondence astronomique 1818-26.

Außer diesen Zeitschriften sind als selbstständige Werke erschienen:

Tabulae motuum solis, 1792; Novae tabulae solis, 1804. – die einen unerwünschten Prioritäts-Streit zwischen Zach, Delambre, Lalande, und den Abbruch seiner früheren freundlichen Verhältnisse zu den Pariser Astronomen herbeiführten;
Tabulae aberrationis et nutationis cum catalogo fixarum, 2 Vol. 1806;
Tables abregées et portatives de la lune 1809;
Nouvelles tables d'aberration et de nutation 1812;
L'attraction des montagnes, 2 Vol. 1814;
Mémoire sur le degré du meridien par Beccaria.

Wollte man im Allgemeinen ein Urtheil über Zachs astronomische Wirksamkeit aussprechen, so dürfte es dahin gehen: daß er sich ein wesentliches und bleibendes Verdienst erwarb, indem er der Astronomie in Deutschland überhaupt einen neuen Aufschwung gab und namentlich für deren Praxis durch die Errichtung der Sternwarte Seeberg, durch seine eigenen Beobachtungen, seine empfehlenden Mittheilungen über die Münchener Instrumente einen werthvollen Fortschritt bewirkte.

*

Abb. 2 B.A. von Lindenau (1780-1854) mit Seeberg-Sternwarte. Gemälde von Louise Seidler (1811). Lindenau-Museum Altenburg

Die Seeberg-Sternwarte

Wir können uns hier auf unsern Text beschränken und auf weitergehende Darstellungen [7, 8, 33, 37, 38, 39] verweisen. Es sei lediglich darauf hingewiesen, daß nach Zach er selbst den Ort für die neue Sternwarte und ihre Bauart ausgewählt hat. Ernst II. hat den Aufsatz sicher gelesen und hätte eine falsche Darstellung nicht geduldet. Außerdem wird die Zachsche Aussage durch B. A. von Lindenau [40] bestätigt, der bei seinem Gutachten zur von Hansen beantragten Verlegung der Sternwarte ausdrücklich bezeugt, daß der Herzog an eine Schloßsternwarte gedacht hatte und erst Zach ihn von der von ihm bevorzugten Außenstation überzeugte (hierin der Zeit etwas zu weit voraus).

Quellen: BAJ für 1792 (1789) 164
BAJ für 1795 (1792) 111; darin unsere Abb. 3 a, b

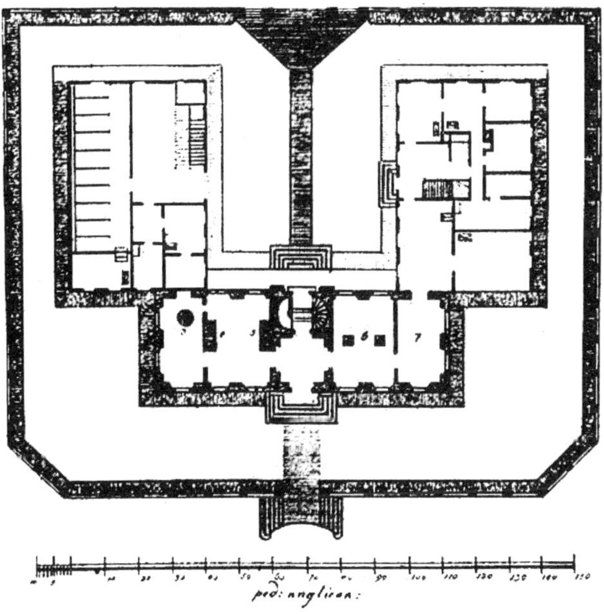

Abb. 3a Grundriß der Seeberg-Sternwarte

Sammlung aſtronom. Abhandlungen,

Vorläufige Beſchreibung der Anlage und des Baues der neuen herzoglichen Sternwarte in Gotha.

Vom Herrn Obriſtwachtmeiſter *von Zach,* Direktor der Sternwarte, im März 1789 eingeſandt.

Nachdem ich gleich bey meiner Ankunft im Junio 1786, die Gegend in und um Gotha in Augenſchein genommen hatte, ſo konnte ich für die Stellung der zu erbauenden Sternwarte, keinen ſchicklichern Ort finden, als auf der vordern Kuppe des vor der Stadt gelegenen ſogenannten *Seebergs.* Die Unbequemlichkeiten, die jeder von einer Stadt etwas abgelegener Ort nach ſich zieht, dürfen hier gar in keine Gegenbetrachtung kommen, da es hier auf die Erbauung einer groſsen vollkommnen und ſtattlichen Sternwarte ankam, bey der nichts, was der neueſte Zuſtand der praktiſchen Aſtronomie erforderte, verabſäumt werden ſollte; ich muſste hier um ſo mehr behutſam, und mit Ueberlegung zu Werke gehn, da es die erſte Anlage war, bey der wir freye Hand hatten, und durch keine Umſtände gebunden waren, ich wollte mir daher auch nicht die geringſte Verabſäumniſs, und Nichtnutzung aller der Vortheile zu Schulden kommen laſſen, die zur Bequemlichkeit, zur Solidität, und zur vollkommenſten Erzielung des vorgeſetzten Endzweckes eines ſolchen koſtbaren Gebäudes, nur im geringſten etwas beitragen konnten. Da nun Se. Durchl. ferner entſchloſſen hatten, mir eine bequeme Wohnung nebſt Stallung dichte an die Sternwarte bauen zu laſſen, ſo verſchwanden auch von dieſer Seite alle Schwierigkeiten; die Situation von Gotha iſt dieſe: das fürſtliche Schloſs Friedenſtein, liegt am ſüdlichen Ende der Stadt auf einer Anhöhe, die die ganze Gegend dominirt; in Südoſten erhebt ſich der iſolirte *Seeberg*, deſſen Rücken ſich nach Oſten verlängert, und mehrere Kuppen bildet, davon der letzte

etwas

Beobachtungen und Nachrichten.

etwas höher ist, als der, wo die Sternwarte stehet, der ganze östliche Horizont ist frey, wie auch der von Norden, auf dessen Grenzen wir bei heitern Sommertagen die Spitze des berühmten *Brokken* erblicken. Von Süden bis nach Nordwesten erstrecket sich die Kette von Bergen des Thüringer Waldes, eine für das hiesige Clima und für astronomische Bedürfnisse äusserst nachtheilige Nachbarschaft; in dieser Reihe von Gebürgen befindet sich der *Schneekopf*, und der *Inselsberg*, zwey der höchsten Berge in Thüringen; doch nehmen diese Berge nicht mehr als einen Raum von 2 Graden am Horizonte weg. Vor der Stadt in Nordwesten, erhebt sich ein zweyter Berg, der *Krahnberg* genannt: auf denselben hätte die Sternwarte eben so gut, als auf dem *Seeberg* erbauet werden können; allein dieser liegt der Stadt näher, hat reine Wasserquellen unten am Berge, und liegt einem grossen Dorfe *Siebleben* genannt, sehr nahe; übrigens trägt dieses Gebäude an diesem Ort, mehr zur Verschönerung und Verzierung der Gegend um Gotha bey, zumalen da von dem hintern Schlossthor eine Chaussé mit Bäumen bepflanzt dahin führen wird. Ew. — sehen aus dieser Localität, wie schwer jeder anderer Punkt für den Platz einer Sternwarte ausfindig zu machen wäre, dann allenthalben wäre das Schloss mit seinen zween grossen Thürmen, oder einer von den beiden nahe gelegenen Bergen, der neuen Sternwarte zur Brille da gestanden, hätte ich mich gegen Osten gewendet, so hätte mir der Seeberg den südlichen Horizonte maskirt: mehr gegen Westen hätte es der *Krahnberg* gethan; nach Süden und Norden konnte ich mich noch weniger wenden. In beiden Fällen, hätte ich gar auf eines der vornehmsten astronomischen Werkzeuge, nemlich auf das Passageinstrument Verzicht thun müssen; dass ich aber für dieses Instrument, einen von Süden bis Norden ununterbrochenen Mittagskreis erhalte, ist eine, nach meinen Gutdünken, unbedingte und absolute Erfordernis, und den Vortheil, die Culmination der Sterne, unter und über dem Pol, zur Berichtigung des Instruments und wegen noch anderer Vortheile, beobachten zu können, hätte ich um alles in der Welt nicht aufgegeben, und mir dereinst dieses Versehen zur Last kommen lassen. Die Sternwarte auf dem Schloss selbst anzulegen, das wünschten Se. Durchlaucht. freilich zu Ihrer Bequemlichkeit: allein Dieselben

Sammlung aſtronom. Abhandlungen,

ergaben ſich bald den Gründen, die ich Ihnen vorzutragen die Gnade hatte, wie daſs groſse und fixe Inſtrumente, auf einem ſo hohen Gebäude wie das Schloſs, ſeine veſte und beſtändige Lage erhalten können. Se. Durchlaucht, haben ſich nachhero ſowohl auf der *hohen* Sternwarte in Hyeres, als auch hier auf unſre Intrims-Sternwarte *) von dem Spiel und der Beweglichkeit hoher Thürme und Gebäude überzeigt. Die Gröſse dieſer Bewegungen, und ſo gar ihre Perioden, die oft groſse Sonnenhitzen oder groſse Kälten zu Argumenten haben, ſcheint allen denen übertrieben zu ſeyn, die ſolches nicht ſelbſt zu beobachten Gelegenheit gehabt haben, und die nur Differenzbeobachtungen in gerader Aufſteigung und Abweichung, und nicht *abſolute* Meridianbeſtimmungen machen.

Dieſe Gründe ſind es, die mich unwiederbringlich bewogen haben, den *Seeberg* für die Stelle der zu erbauenden Sternwarte vorzuſchlagen, und von welcher Idee ich auch nie abgegangen bin, dieſer Ort zeichnet ſich auch ſo vorzüglich zu dieſen Behuf aus, daſs, als ich die Gegend von Gotha zum erſtenmal anſichtig wurde, mein Augenmerk ſogleich in dieſer Abſicht auf bemeldeten Fleck geheftet war; daſs aber bey dieſer Auswahl mit keiner Uebereilung zu Werke gegangen worden, erhellet daraus: daſs da die Provencer Reiſe von Ihro Durchlauchten vorkam, auf der ich Dieſelben zu begleiten die hohe Gnade hatte, dieſer Vorſchlag ein ganzes Jahr zu reifen Zeit hatte. Erſt nach unſrer Zurückkunft aus Frankreich, gegen Ende des Julii 1787, entwarf ich den Riſs zur Sternwarte, dabey ich mich hauptſächlich an das Muſter der Ratcliffſchen Sternwarte zu Oxford gehalten habe, deſſen innere und äuſſere Bequemlichkeiten mir ſehr bekannt ſind, da ich oft und ſehr viele angenehme Tage bey meinen verehrungswürdigſten Freund Doctor Hornsby, daſelbſt zugebracht habe; Ihro Durchlauchten dem die Einrichtung der Engliſchen ſchönen Sternwarten ſelbſt bekannt und gegenwärtig waren, da Sie dieſelben erſt das Jahr vorhero ſelbſt beſucht hatten, konnten nun meinen Plan ſelbſt beurtheilen, und nach einigen kleinen architectoniſchen Abänderungen, wurde er allergnädigſt genehmigt, und ſofort zur Ausſtekkung auf dem Terrain geſchritten. Zu dieſem Ende verfügten wir uns den 8ten Sep-

*) Die 84 Schuhe vom Grunde des Hauptgebäudes erhoben iſt.

Beobachtungen und Nachrichten.

September 1787 auf dem *Seeberg*, um die erste Haupt- und Grundlinie zur neuen Sternwarte zu ziehen: es war uns nemlich um die Ausstekkung einer wahren Mittagslinie zu thun; Se. Durchl. nahmen dahero mit Ihrem Chronometer und einen 9 zölligen Sextanten 15 correspondirende Sonnenhöhen: ich nahm deren mit der englischen Seeuhr und meinen 5 zölligen Sextanten 24 an der Zahl, sie stimmten alle auf die Sekunde; gegen Mittag kehrte ich nach der Stadt und beobachtete den Mittag auf der Sternwarte auf dem Schloss am Passageninstrument. Immediat nach der Beobachtung, gab ich Se. Durchl. dem Herzog, der auf dem Seeberg zurück geblieben war, das mit ihm verabredete Zeichen, um die auf dem Observatorio befindliche Penduluhr mit der auf den Berg zurückgebliebenen Seeuhr und dem Chronometer zu vergleichen. Se. D. hatten ein Teleskop nach der Treppe der Sternwarte gerichtet, und beobachteten nach den beiden Zeitmessern meine Signale. 20 wiederholte Versuche, gaben jeder die Vergleichung der Zeit bis auf die Sekunde; diese Beobachtungen gaben nach allen Reductionen den Meridianunterschied zwischen den Seeberg und der Gothaer Schlossternwarte 7″,0 in Zeit Seeberg östlicher, hiemit hätten wir nun ein für allemal die Seeberger wahre Zeit, die nun zu allen Zeiten, mittelst der bekannt gewordenen Meridiandifferenz aus der Gothaer Sternwarte geholt, und mit der Seeuhr oder Chronometer nach den Seeberg gebracht werden konnte. Den 10ten September Tages darauf, beschlossen wir die Mittagslinie zu ziehen; zu diesem Geschäft wurden folgende Vorrichtungen angeordnet: in der Richtung der Mittagslinie, wurden so weit, als es die Breite der Kuppe des Berges erlaubte, hohe und breite Sandsteine an beiden Enden der auszustekkenden Mittagslinie in die Erde bevestiget, desgleichen zwey andere solche Steine zu rechten Winkeln mit beiden ersteren; auf dem nördlichen Stein, wurde der 18 zöllige Sissonische Quadrant sehr genau callirt, sodann das bewegliche Teleskop auf die Höhe der zu culminirenden Sonne gestellt, und nach der nun bekannten Seeberger Zeit die wahre Zeit der Culmination der Sonne berechnet, die auf den östlichen und westlichen Sonnenrand reducirt wurden. Mittelst der grosen Azimutalschraube wurde die Berührung des westlichen Sonnenrandes vom mittlern Faden im Quadranten bis auf den in Voraus-berech-

Sammlung aſtronom. Abhandlungen,

berechneten Augenblick der Culmination erhalten. Der Quadrant blieb alsdann unbewegt und unverrückt ſtehen. Der folgende öſtliche Rand wurde ſodann beobachtet, und ſtimmte mit dem berechneten überein, und verſicherte dadurch die richtige Stellung des Teleſkops in der wahren Mittagsfläche; zum Ueberfluſs wurden noch lange Penduln aufgehangen und ihre Schatten im Moment der Mediation bemerket: dieſe gaben alle ſehr genaue Parallelen, allein der Hauptmeridian war der, den ich durch den Quadranten erhielt, denn nachdem ich mich von der richtigen Verticalbewegung des Teleſkops verſichert hatte, ſo wurde der andere Endpunkt der Mitagslinie durch das Teleſkop auf den gegenüberſtehenden Stein bemerkt, durch beide Endpunkte wurde eine ſtarkgeſpannte Schnur gezogen, und ſogleich kleine Pflöcke in dieſer Richtung im Terrain ſelbſt eingeſchlagen; nun war es ein leichtes mit dem horizontal geſtellten Quadranten die Perpendiculäre auf die Mittagslinie auszuſtellen, und auf die vorerwähnte oſt und weſtlich eingegrabene Steine anzumerken. Steinhauer haueten alsdann auf dieſen Steinen die angemerkten Richtungen mit Linien, mit einer ſcharfen Kante ein, im Terrain ſelbſt wurden nach dieſen Richtungen zwey kleine ſich kreuzende Gräben aufgeſchürft; ich nivellirte bey dieſer Gelegenheit den ungleichen Terrain, und in den folgenden Tagen wurde mit der Planirung ſogleich der Anfang zum Bau gemacht. Da die gute Jahreszeit ſo ziemlich vorbey war, ſo wurden dieſes Jahr nichts, als alle Fundamente, die auf den Felſen des Berges ſelbſt ruhen, ausgemauert; das folgende Frühjahr wurde, ſobald es die Witterung erlaubte, in den Bau fortgeſchritten, eine kurze lateiniſche Inſchrift auf einer Compoſitionsplatte geſtochen, die Riſſe der Sternwarte in einer blechernen Büchſe, nebſt einigen neuen Silber- und Goldmünzen, vom Gepräge des jetzt regierenden Herzogs, dem Erbauer der Sternwarte und unſterblichen Stifter einer beſtändigen aſtronomiſchen Anſtalt in Gotha, wurden mit in die Grundſteine gelegt. Da nun die Hauptmauern aufgeführet werden ſollten, ſo wurde den 30ſten April 1788, abermals eine Mittagslinie, auf die Fundamente ſelbſt, gezogen, damit die Seitenwände des ganzen Gebäudes, auf das allergenaueſte orientirt ſeyn mögen. Bey dieſer Gelegenheit, wurde zum zweitenmal der Unterſchied der Meridiane beſtimmt, und mittelſt 12 von Se. Durchl.

den

Beobachtungen und Nachrichten.

den Herzog, und 12 von mir genommenen correſpondirenden Sonnenhöhen abermals auf 7",02 ſowohl durch den Timekeeper, als den Chronometer beſtimmt. Den 26ſten September wurde dieſelbe Operation zum drittenmal wiederholt, und die Durchſchnitte ſowol fürs Paſſageninſtrument, als auch für beide Mauerquadranten verzeichnet; der Längenunterſchied ergab ſich diesmal 7",5. — Das Gebäude ſelbſt beſtehet aus einem länglichten Rechteck, das einen nördlichen und ſüdlichen Haupteingang hat; dieſer ſcheidet es in zwey Theile, davon jeder wieder in zwey Theile abgetheilt iſt; in dem einen kommt das Durchgangsinſtrument von 8 Schuhen, mit der dazu gehörigen Penduluhr; in die zweite Abtheilung werden der ſüdliche und nordliche Mauerquadrant placirt; in die dritte kommt der Zenith Sector. Da ich gefliſſentlich nirgend, wo ich die Inſtrumente zu ſtehen habe, Feuerungen oder Kamine habe anbringen wollen, ſo dient die 4te Abtheilung zur Stube, in der man zur Winterszeit ſich erholen kann, ohne erſt nöthig zu haben ins Wohngebäude zurückzukehren. Aus dieſer Eckſtube, führet eine kleine Thür unmittelbar in mein Wohngebäude, das den öſtlichen Flügel zur Sternwarte ausmacht und daran angebauet iſt; den weſtlichen Flügel, nehmen Stallung, Schüppen, und Wohnung für Stallbediente ein. Auf der Mitte der Sternwarte, erhebt ſich über den ſtarkgewölbten Eingang, ein kleiner Thurm mit einem runden beweglichen Kuppeldach, in denſelben kommt ein beweglicher ganzer 8 ſchuhiger Zirkel; in einer kleinen Entfernung von der Sternwarte, wird ein ganz freyes rundes Gebäude, mit einem beweglichen Dach aufgeführt, das einen groſsen fixen Equatorialſektor beherbergen wird; dieſes iſt kürzlich die Anlage und Einrichtung unſrer neuen Sternwarte, die durchaus von den ſchönſten gehauenen Quaderſteinen aufgeführt iſt. Von den Verzierungen und den Bequemlichkeiten meines Wohngebäudes rede ich nicht: erſte iſt ganz einfach und ohne Pretenſion; fürs letztere bin ich der Sorgfalt und Grosmuth meines Durchlauchtigſten Gönners, unbeſchränkten Dank ſchuldig; ſeine mir bekannten Geſinnungen, verbieten mir, hier davon mehr zu ſagen: nur muſs ich noch anmerken, daſs dabey auch auf einen Platz für eine ausgeſuchte aſtronomiſche Bibliotheque angetragen worden, und davon unſere kleine dermalige Interimsſternwarte, zum Theil

Sammlung aſtronom. Abhandlungen,

ſchon im Beſitz iſt. — Mein zweites Hauptaugenmerk, nächſt der Orientirung, waren die Grundlagen für die Inſtrumente; vors erſte ſind ſie ganz vom Gebäude ſelbſt iſolirt, ruhen unmittelbar auf den Felſen; die Steine dazu ſind vom hieſigen Granit und mit Steinkitte zuſammengefügt. Die zwey Säulen zum Paſſageninſtrument, wie auch die freyſtehende Wände für die Mauerquadranten, werden aus zween Stücken zuſammengeſetzt, ein Stück allein von 11 Fuſs in der Länge, 5 in der Breite, 2½ in der Dicke, betrug ein Gewicht von 194 Zentner 70 Pfund. Alle Penduluhren kommen ebenfalls an ſolche freyſtehende Pfeiler, und die Gewichte der Uhren werden über Rollen hinter dieſe Pfeiler geführt, und nicht vor der Pendulſtange vorbeygelaſſen, weil wie bekannt die Uhren eine Verſpätung erleiden, wenn das Gewicht der Linſe gegen über zu ſtehen kommt; man hat dieſen zwar durch Glasfenſter abzuhelfen geſucht, allein obige Art iſt aus mehreren andern Urſachen viel ſicherer Der Fuſsboden iſt ein Fauxplancher, das Dach flach, Terraſſe zugleich, um detachirte Beobachtungen im freien darauf machen zu können und mit Kupfer bedeckt. Gegenwärtig, da ich dieſes ſchreibe (den 22ſten Merz 1789) ſind die beiden Flügelgebäude unter Dach, und die Sternwarte bis aufs Dach und der kleinen Kuppel fertig, dieſe werden den Sommer ganz fertig werden.

Die Lage und Ausſicht dieſer Sternwarte iſt die ſchönſte und unumſchränkteſte; ich ſehe über den *Krahnberg* und den hohen Thürmen des Schloſſes hinweg, keine von den Sternwarten, die ich auf meinen Reiſen in Engeland, Frankreich, Italien und Deutſchland geſehen habe, und die zu ebener Erde gebauet wären, hat dieſen freien Horizont, dieſe freye Luft, entfernt von allen den Luftzügen, Schornſteinen und Dunſtkreiſen, in die alle Städte gehüllt ſind; freilich wird Wind und Wetter, und der rauhe Boreas ſein Regiment da doppelt fühlen laſſen; allein dafür ſind die Gebäude ſolide und der groſse Thüringer Wald vor der Thür. —

Beobachtungen und Nachrichten.

Ueber den auf der zweiten Kupfertafel vorgestellten Auf- und Grundrifs der neuen Herzoglichen Sternwarte, auf dem Seeberge bei Gotha.

Seine Durchlaucht der Herzog von Gotha, haben die Gnade gehabt, meinen geäufserten Wunfch, die in Kupfer geftochene Abbildung Ihrer neuen Sternwarte, welche den neuen Sonnentafeln des Herrn *von Zachs* vorgefetzt worden, dem gegenwärtigen Bande des aftronomifchen Jahrbuchs beifügen zu können, zu erfüllen und mir fo viele Abdrücke, als ich bei der Ausgabe deffelben bedurfte, mittheilen zu laffen geruhet. Ich habe daher das Vergnügen, meinen Lefern diefe Vorftellung, eines der vorzüglichften Tempel, die je der Göttin Urania in Deutfchland erbauet worden, vorzulegen. Am 15ten Julius v. J. hatte ich in Gefellfchaft des Herrn Landmarfchalls *von Hahn*, das Glück, mich von der äufsern edlen Bauart, fo wol, als der, durchaus zweckmäfsigen und vortreflichen innern Einrichtung deffelben, durch den Augenfchein zu überzeugen. Wir wurden durch den verehrungswürdigen Herrn Obriftwachtmeifter *von Zach* herumgeführt.

Eine vorläufige Befchreibung der Anlage und des Baues diefer neuen Sternwarte, hat Herr von Zach bereits in meinem aftronomifchen Jahrbuch für 1792 von Seite 164 bis 170 einrücken laffen, und man wird nun mit Beihülfe des gegenwärtigen Aufriffes und Plans, fich einen deutlichern und anfchauendern Begriff von diefem Gebäude und deffen Einrichtung machen können.

Die erfte Figur zeigt den Aufrifs des Hauptgebäudes von der Oftfeite nebft die Façade des öftlichen Seitengebäudes. Die zweite giebt den Profpect des ganzen Gebäudes von der Südfeite, welches die Vorderfeite mit dem Haupteingange deffelben ift; rechts

und

und links, alſo oſt- und weſtwärts, zeigen ſich, etwas hinterhalb die beiden Seitenflügel. Das Hauptgebäude ſo wol als die Flügel, ſtehen auf einer mit Quaderſteinen eingefaſsten Erhöhung, die mit einem Geländer verſehen iſt.

In der Mauer der Sternwarte, zeigen ſich über und zwiſchen den Fenſtern, ſo wie in der Kuppel des kleinen Thurms, die Einſchnitte für das Mittagsfernrohr, für die Mauerquadranten und den ganzen Kreis. Sie gewähren eine ununterbrochene Ausſicht, vom Südpunkt am Horizont, über den Scheitelpunkt weg, bis zum Horizont im Norden, ſind mit hölzerne, mit Kupfer beſchlagene Klappen geſchloſſen und können durch eine gewiſſe mechaniſche Einrichtung, leicht und bald überall geöffnet werden. Die beträchtlich groſsen Fenſtern, haben Gegengewichte, und können, wenn man ſie öffnen will, zwiſchen den Mauern und den Verkleidungen unter den Fenſtern, völlig hineingelaſſen werden. Die 3te Figur zeigt den Grundriſs des einzigen Stocks vom Hauptgebäude, und des untern von den Seitenflügeln, ſo wie die äuſsere Geländereinfaſſung des Hofes und der Treppen zum Eingange. 1. Iſt der Flur; 2. Die Treppe, unter welcher der Ausgang nach dem Hofe iſt. 3. Die ſteinerne Säule für den Zenithſector. 4. und 5. Sind die freiſtehenden Granitwände für den ſüdlichen und nördlichen Mauerquadranten. 6. Die beiden ſteinernen Pfeiler für das Paſſageinſtrument. 7. Eine Wohnſtube. Die übrige Einrichtung wird aus der Beſchreibung des Herrn von Zach ſelbſt (Jahrbuch 1792) ſich deutlich ergeben. Der unten beigeſetzte Maaſsſtab von 150 Engliſchen Fuſsen, dient zu einer Vorſtellung der Gröſse und des Umfanges des ganzen Gebäudes und Platzes.

Bode.

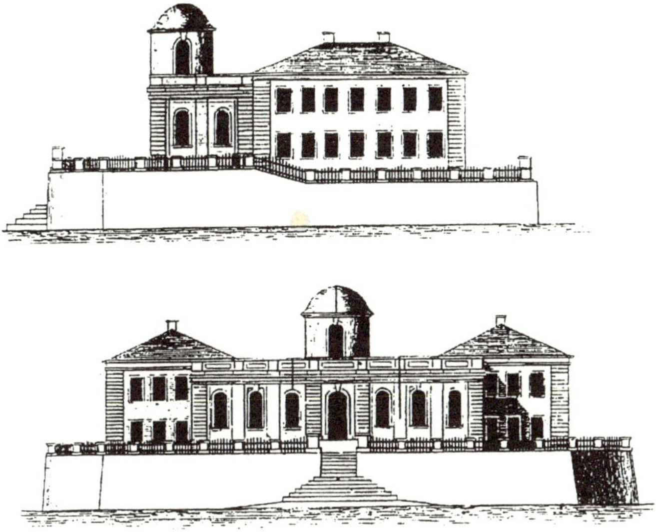

Abb. 3b Seitenansichten der Seeberg-Sternwarte

Talentförderung

Junge unbekannte Talente der Öffentlichkeit vorstellen, die Anerkennung schon bekannter Amateure durch den Fachmann befestigen, reisenden Forschern begleitende publizistische Unterstützung geben - die Varianten der Zachschen Talentförderung sind kaum aufzuzählen. Unter den hier nicht im einzelnen belegten Fällen möchten wir die Unterstützung von Gauß wenigstens nennen: Zachs Bereitstellung und Bewertung von Daten und seine Kritik der Resultate hatten entscheidenden Anteil an Gauß´ Bahnbestimmung der Ceres (die deren Wiederauffindung ermöglichte). Dadurch wurde Gauß mit einem Schlag bekannt. Als Schüler im engeren Sinne sollte J.C. Burckhardt (1773 - 1825) erwähnt werden, auf den Zach so stolz war, daß er ihm bereits in jungen Jahren eine Art Biographie widmete (MC 4 (1801) 38, 140, 264).

Bessel wird eingeführt

Zach, der von sich selbst sagte: „Man weiß es, ich schreibe Anmerkungen", hat in diesen typographischen Untergeschossen sowohl starke Kritik als auch, wie hier, kräftiges Lob angebracht. Diese Anmerkung ist gewissermaßen der Ritterschlag, mit dem Olbers und Zach den Kaufmannsgehilfen Bessel zum Wissenschaftler promovieren – und das noch *vor* seiner Zeit auf der Schroeterschen Sternwarte in Lilienthal. Der „Comet von 1607" ist heute als Halleyscher Komet bekannt, weil Halley seine periodische Natur erkannt hat. Er war damals der einzige sichere Fall eines wiederkehrenden Kometen und dementsprechend ein Objekt von ganz besonderem astronomischen Interesse (erst um 1819 fand Encke mit dem nach ihm benannten Kometen ein zweites Objekt dieser Kategorie).
Zach hatte die Existenz der Daten im BAJ für 1788 S. 152 kurz erwähnt und sie dann im 1. Supplementband des BAJ (1793) S. 1ff. – zusammen mit solchen für den Kometen von 1618 – wiedergegeben. Dieser Band wurde übrigens in Gotha gedruckt. Bessel wurde mit 1810 mit 26 Jahren ohne Universitäts-Studium von einem preußischen Ministerium zum Direktor der neuen Königsberger Sternwarte ernannt .

Quelle: MC 10 (1804) 425

---

*

XXXV.

Berechnung der *Harriot*'schen und *Torporley*'schen Beobachtungen des Cometen von 1607.

Von

Friedrich Wilhelm Bessel. *)

Die *Harriot*'schen und *Torporley*'schen Beobachtungen des Cometen von 1607, die der Oberhofmeister *von Zach* in dem ersten Supplement-Bande zu den

*) Gegenwärtigen vortrefflichen Aufsatz erhielt ich durch meinen verehrungswürdigen Freund Dr. *Olbers*, aus Bremen; er schrieb mir dazu folgendes: "Die Beylage, „welche ich Ihnen hier schicke, gewährt mir die große „Freude, Ihnen einen jungen Astronomen von ganz aus„gezeichneten Anlagen bekannt zu machen; es ist *Frie„drich Wilhelm Bessel*, ein noch sehr junger Mann, „der sich hier in einem der ersten Handlungs-Häuser der „Kaufmannschaft widmet. Schade, daſs solche Talente „nicht ganz für die Sternkunde benutzt werden sollen! „Die Abhandlung wird Ihnen, wie mir, einen sehr gro„ſsen Begriff von den Fähigkeiten, den Kenntnissen und „der Rechnungsfertigkeit des Verf. geben. Könnte man „etwas daran tadeln, so wäre es die Verschwendnug von „Zeit und Mühe, die weit gröſser ist, als es die *Harriot*'„schen sonst schätzbaren Beobachtungen ihrer Natur nach „verdienen konnten. Indeſs da *Bessel* nun einmahl die„se

Monatl. Corresp. 1804. NOVEMBER.

den Berliner aſtronomiſchen Jahrbüchern bekannt machte, hat, ſo viel ich weiſs, noch kein Aſtronom benutzt, um darauf eine weniger ſchwankende Theorie dieſes Cometen zu gründen. Aufgemuntert durch den Wunſch, den der Freyherr *von Zach* äuſserte, unternahm ich die Berechnung dieſer Beobachtungen, und wage es, die Reſultate meines erſten Verſuches hier vorzulegen.

Die

„ſe Arbeit übernommen hat, ſo muſs ſie nicht verloren „gehen, ſondern gedruckt werden; vielleicht entſchlie„ſsen Sie ſich, dieſen Aufſatz bald mit einem Platze in „Ihrer *M. C.* zu beehren. Ich möchte meinem jungen „Freunde gern dieſe Aufmunterung wünſchen; wir wiſ„ſen nun auf's genaueſte, was ſich aus *Harriot*'s Beobach„tungen für die Theorie dieſes Cometen ziehen läſst."

Mit wahrem Vergnügen laſſe ich dieſen ſo trefflich als mühſam ausgearbeiteten Aufſatz hier abdrucken. Hier thut ein junger Deutſcher Mann zu ſeinem Vergnügen, mit einer Sachkenntniſs und mit einer Fähigkeit, die manchen beſoldeten und berufenen Aſtronomen ehren würde, was ein Engliſcher Profeſſor längſt aus Amtspflicht hätte thun ſollen, es aber lieber für *undienlich* und *unnöthig* hielt, als ſich einer ſolchen beſchwerlichen Arbeit zu unterziehen (vergl. *M. C.* VIII B. S. 58, 59, 60.). Der berühmte Franzöſiſche Aſtronom *Méchain* erhielt vor 15 Jahren, für eine vollkommen ähnliche Schrift über den eben ſo berühmt gewordenen Cometen von 1661 einen academiſchen Preis. (*Mém. préſ.* Tom. X. pag. 333.) *Beſsel* erhält keinen Preis, verdient ihn aber: ſollte ihm das ſchöne und ſchmeichelhafte Zeugniſs eines *Olbers* nicht eben ſo viel gelten? Wir irren nicht; *Beſsel*'s Arbeit beweiſt, daſs er *Olbers* Lob gewiſs anzuſchlagen verſteht! *v. Z.*

Abb. 4 H.W.M. Olbers (1758-1840) auf einer Medaille zu Ehren seines 50jährigen Doktorjubiläums [7]
C. Pfeuffer 1830. Dresden, Münzkabinett Inv.-Nr. 3482

Olbers wird sofort gedruckt

Der Bremer Arzt Wilhelm Olbers (1758-1840) nimmt einen wichtigen Platz in der Astronomiegeschichte ein, vor allem durch die Entdeckung von zwei der ersten vier Planetoiden (1802 Pallas und 1807 Vesta). Er wurde weiten Kreisen auch schon vorher durch seine Bahnbestimmungsmethode bekannt. Zach war von Olbers' Manuskript begeistert und beförderte es kurzentschlossen zum Druck. Dabei hat er es noch in so starkem Maße ergänzt, daß man ihn eigentlich als Ko-Autor angeben müßte; insbesondere gilt dies für einen Katalog aller bekannten Kometenerscheinungen (der heute noch als Zachscher Katalog bekannt ist).

Quelle: siehe Titelblatt

*

Abhandlung

über die

leichteſte und bequemſte Methode

die Bahn eines Cometen

aus

einigen Beobachtungen

zu berechnen

von

Wilhelm Olbers,

der Medicin Doctor, Mitgliede der kaiſerlichen Akademie der Naturforſcher, und der königl. Societät zu Göttingen Correſpondenten.

Mit einem Kupfer und Tafeln.

Weimar,

im Verlage des Induſtrie-Comptoirs

1797.

Vorrede.

Hoffentlich bedarf es wohl keiner Entſchuldigung gegenwärtige vortreffliche Schrift zum Druck befördert zu haben. Der Herausgeber hofft vielmehr den Dank aller Aſtronomen und Liebhaber der Sternkunde zu verdienen, ihnen eine ſo gründliche, nützliche, und faſsliche Abhandlung über die Berechnung der Cometen-Bahnen in die Hände geliefert zu haben, von der ſchon ein competenterer Richter, Herr Hofrath Käſtner, geurtheilt hat, daſs ihr Verfaſſer die vier Hauptgleichungen dieſes ſchweren Problems in ihrer einfachſten Geſtalt dargeſtellt habe, welches noch keiner der groſsen Analyſten, welche ſich mit dieſer Aufgabe beſchäftiget haben, vor ihm geleiſtet. Nicht nur mit dieſem Urtheil, eines der erſten Geometer Deutſchlands ſtimmt der Herausgeber überein, ſondern auch als praktiſcher Aſtronom, hat er ſich von der Allgemeinheit, Leichtigkeit und Nutzbarkeit dieſer neuen Methode des Hrn. Dr. Olbers aus eigener Erfahrung mit Vergnügen überzeugt, welches nicht immer der Fall bey den oft ſcheinbar eleganten Methoden anderer Geometer iſt. Er kann daher dreiſte die Verſicherung geben, daſs gegenwärtige Auflöſungsart neu, kurz, leicht anwendbar, und die unverkennbaren Spuren an ſich trägt, daſs ſie nicht nur der gründliche Analyſte, ſondern auch der, mit allen Beobachtungs-Methoden vertraute Aſtronom entworfen habe, welcher nicht blos den Faden der Analyſe allein verfolgt, unbekümmert, in welches Labyrinth von Rechnungen er den Aſtronomen führt, und ohne den Werth und die Gränzen fehlerhafter Beobachtungen praktiſch zu kennen und ihren Einfluſs zu würdigen, welche ſie mehr oder weniger auf Rechnungs-Reſultate haben können. Der Herausgeber bedarf jedoch für ſich, nicht nur einer Anzeige, wie er zur Herausgabe gegenwärtiger Schrift gekommen iſt, ſondern auch einer ausführlichen Rechtfertigung, daſs er es ſich angemaaſst habe, ſolche mit einer Vorrede und einigen Zuſätzen zu begleiten, ohne von dem verehrungswürdigen Herrn Verfaſſer hierzu aufgefordert worden zu ſeyn.

Da ich ſchon lange das Glück habe, mit Herrn Dr. Olbers in Bremen, in literariſcher Verbindung zu ſtehen, und mich der Ehre und des Vortheils ſeines intereſſanten und lehrreichen Briefwechſels zu erfreuen habe, hatte er die Güte, mir bey Gelegen-

heit

heit der Berechnung ſeines von ihm entdeckten Cometen vom vorigen Jahre zu melden, daſs er auf eine neue und viel leichtere Methode, die Bahn eines Cometen zu beſtimmen, gekommen ſey, als die de la Placiſche, welche ich ihm angerühmt hatte und der ich mich gewöhnlich Vorzugsweiſe bisher bediente. Er ſchrieb mir, daſs er nun damit beſchäftiget ſey, hierüber eine eigene Abhandlung zu ſchreiben. *)

In den Göttingiſchen Anzeigen von gelehrten Sachen, erſchien in dem 11. St. vom 21. Januar d. J. eine Anzeige von dieſer Abhandlung, welche Herr Dr. Olbers der Königl. Societät der Wiſſenſchaften in der Handſchrift vorgelegt hat, und da von dem Herrn Hofrath Käſtner ein ſehr vollſtändiger und lichtvoller Auszug daraus gemacht worden, ſo lernte ich aus demſelben wenigſtens den Geiſt dieſer Methode kennen und ſchätzen; dieſs machte mich nur um ſo begieriger, den Herrn Verfaſſer um eine gütige Mittheilung ſeiner Abhandlung zu erſuchen, da ſolche doch etwas ſpäter in den Commentarien dieſer gelehrten Geſellſchaft erſcheinen dürfte. Mit einer Freundſchaft und mit einer Bereitwilligkeit, welche ich ſchon mehrmalen von dem Hrn. Doctor auf die zuvorkommendſte Art erfahren hatte, überſchickte er mir ſogleich gegenwärtigen Auszug aus ſeiner gröſſern Abhandlung, da er von dieſer keine vollſtändige

 Abſchrift

*) Berl. Aſtr. Jahr-Buch 1799. S. 106.

Abſchrift zurückbehalten hatte, und wünſchte dabey über folgende drey Fragen meinen Rath und meine Meinung zu hören:

1) Ob er dieſe Abhandlung drucken laſſen ſolle?

2) Wie das am beſten geſchehen könne?

3) Ob ich es beſſer fände, ſie ſo, wie ſie iſt, herauszugeben, oder ob er die vortreffliche Barkeriſche Tafel über die Parabel, mit einer kurzen Erklärung anhängen ſolle?

Nachdem ich dieſe ſchöne Abhandlung nicht nur mit aller Aufmerkſamkeit durchgeleſen, ſondern ſogleich eine Anwendung derſelben, auf einen Cometen verſucht hatte, welcher die Verzweiflung ſo vieler Aſtronomen ausgemacht und der Stein des Anſtoſses aller Berechnungs-Methoden war, davon ich beſſer unten ſprechen werde; fand ich ſolche von ſo ausnehmender Leichtigkeit und Anwendbarkeit; ſie gewährte mir eine ſolche überraſchende Befriedigung, und überzeugte mich ſo ſehr von dem Nutzen und Gewinn, der daraus für die ſonſt ſo ermüdende Berechnungen der Cometenbahnen erwächſt, daſs ich mich ſogleich entſchloſs, von obigen drey Anfragen, deren Entſcheidung der Herr Verfaſſer meinem Rath zu überlaſſen, das Vertrauen hatte, den ausgedehnteſten Gebrauch zu machen, wozu ich noch durch folgende hinzugekommene Umſtände nothgedrungen ward.

Bekannt-

Bekanntlich ſind Verleger zu mathematiſchen und aſtronomiſchen Werken, in dem Verhältniſs ſchwer zu erhalten, je gründlicher und gelehrter die Schriften ſind, die ihnen zum Verlage angeboten werden. Es iſt ihnen auch nicht zu verdenken; denn Verleger, welche nur merkantiliſch und auf Renner ſpekuliren, finden ihre Rechnung beſſer bey einem ſchalen Roman, als mit den Schriften eines Euler, La Grange, La Place, Käſtner, Hindenburg, Klügel, Hennert, u. ſ. w. Solcher Anſtalten, wie die engliſche und franzöſiſche Nation, hat ſich die deutſche (vielleicht eben deswegen, weil ſie noch keine Nation ausmacht,) nicht zu erfreuen, es giebt da noch keine *Clarendon Preſs*, keine *Boards of Longitude*, keine *Imprimeries Royales* oder *Nationales*, in welchen gelehrte und nützliche Werke, welche kein Privatmann wohl unterſtützen kann, auf Koſten des Staats gedruckt werden, und Herzoge von Marlborough, welche deutſche Arbeit, auf deutſchen Boden erzeugt, in Deutſchland drucken laſſen, giebt es wohl in England, aber nicht — in Deutſchland.

Einem gewöhnlichen Verleger durfte ich demnach Herrn Dr. Olbers Schrift nicht anbieten; ich wandte mich daher an einen meiner gelehrten Freunde, den Herrn Legationsrath Bertuch in Weimar, welcher eine Buchhandlung zur Unterſtützung der Wiſſenſchaften, nicht der Druckerpreſſen, errichtet hat, und von welchem ich ſchon mehrere Beweiſe einer edlen und höheren Denkungsart erfahren hatte, und bald mehr, von einer ähnlichen, noch gröſsern Unternehmung zu ſprechen, Gelegenheit haben werde.

Der Herr Legationsrath übernahm demnach den Verlag dieſes Werks mit der gröſsten Bereitwilligkeit, auf die bloſse Verſichernng, daſs den Wiſſenſchaften durch deſſen Erſcheinung ein Dienſt geſchehe; er überraſchte mich zugleich mit der ihm eigenen mir unerwarteten Thätigkeit, indem er das Werk ſogleich dem Druck übergeben, es noch zur bevorſtehenden Oſtermeſſe liefern, und deſſen Vollendung möglich machen wollte. Auf meine Bitte hatte er die Gefälligkeit, es hier in Gotha unter meinen Augen drucken zu laſſen, wodurch es allein geſchehen konnte, daſs es, wie ich mir ſchmeichle, nicht nur correct gedruckt, ſondern auch nicht die geringſte Spur dieſer Eilfertigkeit an ſich tragen ſoll, obgleich das Werk ein halb Alphabet ſtark iſt, und ein Kupfer hat. Dieſes konnte nur dadurch bewirkt werden, daſs 2 Setzer daran gearbeitet, und Herr Dr. Burckhardt nicht nur in der müheſamen Correctur deſſelben mich unterſtützte, ſondern auch der Sicherheit wegen, alle darin vorkommende Formeln aufs neue durchgerechnet, und an der Verfertigung der angehängten Cometentafeln, den gröſsten Antheil genommen hat, wofür ich dieſem Gelehrten, der mich ſeit einem Jahr in meinen übrigen aſtronomiſchen Arbeiten, und bey

der

der Verfertigung meines grofsen Stern-Verzeichniffes, mit einem aufferordentlichen Fleifs, und mit grofser Gefchicklichkeit unterftützt, hiermit öffentlich meinen Dank erftatte.

Da bey fo bewandten Umftänden die Zeit, zumalen wegen der Langfamkeit des niederfächfifchen Poftcourfes, viel zu kurz war, um des Herrn Verfaffers letzte Einwilligung erft einzuhohlen, die überfchickte Abhandlung keine Vorrede hatte, der Herr Verleger eine hierzu wünfchte, ich mir auch eigenmächtig einige Zufätze, und Zugaben erlaubt habe, fo fand ich mich genöthigt, da ich die erwünfchte Gelegenheit diefes vortreffliche Werk fo bald als möglich bekannt zu machen, nicht verfäumen wollte, die Rolle eines unberufenen Herausgebers zu übernehmen, und hier fo wohl dem Herrn Verfaffer, als auch dem aftronomifchen Publicum Rechenfchaft von meiner genommenen Freyheit abzulegen, in der ficheren Hoffnung, dafs man meinen wahren Eifer für die Wiffenfchaft hierinn nicht verkennen, und mir diefe Anmaafsung in Rückficht der Wichtigkeit diefer Schrift zu gute halten wird, da man blofs diefer Veranlaffung ihre fo baldige Erfcheinung, womit ich jedoch allen Aftronomen unfehlbar einen angenehmen Dienft zu erweifen mir fchmeichle, zu verdanken hat.

Es werden fich gewifs viele aufmerkfame Lefer der gegenwärtigen Abhandlung mit dem Herausgeber wundern, dafs fo viele grofse und fcharf-

 finnige

ſinnige Geometer, welche ſich mit dieſem berühmten, und ſchweren Problem ſo oft, und ſo vielfältig beſchäftiget haben, nicht längſt, auf die einfache, ſchöne, glückliche Idee, worauf ſich hauptſächlich die leichte und kurze Berechnungs-Methode unſeres Herrn Verfaſſers gründet, gekommen ſind. Schon Newton und Lambert, machten bey drey einer Rechnung zum Grunde gelegten Beobachtungen eines Cometen von kurzen Zwiſchenzeiten, die der Wahrheit ſehr nahe Vorausſetzung, der mittlere *Radius vector* theile die Sehne der Cometenbahn von der erſten bis zur letzten Beobachtung im Verhältniſs der Zeiten: daſs man aber ſo was, auch bey den drey Stellen der Erde in ihrer Bahn, mit eben dem Vortheil vorausſetzen könne, dieſer glückliche Gedanke war Herrn Dr. Olbers vorbehalten. Wie er dieſe fruchtbringende Idee benutzt, uud eben ſo ſcharfſinnig ausgeführt hat, muſs man in der Abhandlung ſelbſt nachleſen.

Damit der Herausgeber ſein Urtheil nicht ohne nähere Prüfung niedergeſchrieben zu haben ſcheine, ſo kann und will er, ſolches hier durch ſeine eigene gemachte Erfahrung begründen, und da dieſe unternommene Unterſuchung nicht wenig dazu beytragen kann, dieſe Berechnungs-Methode in das verdiente Licht zu ſtellen, ſo wird es ihm vergönnt ſeyn, um nicht ganz den Namen eines müſſigen Herausgebers zu verdienen, hierüber einen näheren Aufſchluſs zu geben.

Obgleich

Obgleich die parabolische Bahn des Cometen, welcher im Jahr 1779 erschien, von mehreren Astronomen durch indirecte Methoden ohne Anstoss ist bestimmt worden, und weder Herr Pingré in seiner Cometographie, noch Herr De la Lande in der neuesten Ausgabe seiner Astronomie, etwas von der Sonderbarkeit dieses Cometen erwähnen, so hat derselbe dennoch vielen anderen Astronomen, welche sich zur Berechnung seiner Bahn anderer Methoden bedient haben, nicht nur unübersteigliche Schwierigkeiten dargeboten, sondern sie auf ganz besondere Eigenheiten, und unerwartete Resultate geführt. Herr Oriani in Mayland, berechnete nach der Eulerischen Methode, (*Recherches et calculs sur la vraie orbite elliptique de la Comète de l'an 1769 pag. 35.*) die Bahn dieses Cometen, allein er konnte nach unsäglicher Mühe und nach vielmals wiederhohlten Rechnungen, welche seine ganze Gedult erschöpften, durchaus, und auf keine Weise Elemente heraus bringen, welche mit jenen, die er jedoch durch die Lambertsche Construction ziemlich genau und ohne Anstoss erhalten hatte, auch nur auf die entfernteste Art übereinstimmten. Er berechnete den Cometen daher in einer Ellipse; allein statt diese zu erhalten, erhielt er eine Excentricität, welche grösser als die halbe Axe der Bahn war, und wurde solchergestalt auf eine hyperbolische Bahn geführt. *)

*) *Ephem. astron. Mediolan. ad A. 1782 p. 160 seq.*

[...]

Es liegt mir noch ob, von den Zusätzen eine Erwähnung zu machen, welche ich in dem Lauf der Abhandlung selbst gemacht habe. Deren sind nur zwey; Die erste, (S. 78) betrift die de la Placesche Verbesserungsmethode, der beyläufig bekannten Elemente einer Cometenbahn. Herr Dr. Olbers wollte sich bey einer weitläufigen Auseinandersetzung derselben nicht aufhalten, da sie sowohl Hr. de la Place selbst in den Memoiren der Pariser Academie 1780 p. 80 und nach ihm Herr Pingré im 2ten Theil seiner Cométographie S. 368 umständlich auseinander gesetzt haben. Da aber diese kostbaren ausländischen Werke in Deutschland doch nicht in jedermanns Händen sind, auch sonst meines Wissens nirgends bekannt gemacht worden, und unser Herr Verfasser dieselbe in gewissen Fällen selbst anräth: so habe ich aus diesem und noch aus dem zweyten Grunde, weil der Herr Doctor alle übrigen bequemern Verbesserungsarten beybringt, erklärt und erläutert, wodurch man diese Correctionsarten sämmtlich beysammen erhält, keine undankbare Mühe zu übernehmen geglaubt, hier die de la Placesche Methode in dieselben Buchstaben, deren sich unser Herr Verfasser in seiner Abhandlung bedient, übersetzt mitzutheilen; welches um so füglicher geschehen konnte, da sich die vollständige Darstellung der ganzen Rechnung ohne Figur und ohne der Deutlichkeit zu schaden, in eine gedrängte Kürze zusammenziehen liefs, und zugleich eine Gelegenheit an die Hand gab, die Rechner bey ähnlichen Calculs, wo die zu machende verſchiedene Hypotheſen eine öftere Wiederhohlung derſelben nöthig machen, auf den Vortheil conſtanter Logarithmen aufmerkſam zu machen.

[...]

Dieſer Tafel ſind am Ende noch Anmerkungen angehängt, und ſo viel als möglich war, auch die Quellen angezeigt, in welchen die Beobachtungen der Cometen ſelbſt vorkommen. Ich hoffe dadurch denjenigen einen angenehmen Dienſt zu erweiſen, welche ältere zweifelhafte Cometenbahnen prüfen, bey neuern verſchiedene Methoden verſuchen wollen, und hierzu die Originalbeobachtungen ſelbſt nöthig haben. Dieſe werden dann meiſtens auf die Urquellen hingewieſen, wo dieſe Beobachtungen anzutreffen ſind, wodurch theils denjenigen, die einen groſsen Büchervorrath oder groſse öffentliche Bibliotheken zu Gebote haben, vieles Nachſuchen erſpart, denen aber, welche dieſe Vortheile nicht haben, und die Bücher erſt borgen oder verſchreiben müſſen, wenigſtens das ein-

einzelne Werk nahmhaft gemacht wird, in welchem ſie ihre Befriedigung finden werden.

Da dieſe Tafel mit ſo vieler Sorgfalt abgefaſst und abgedruckt worden, ſo glaubte ich neben ihr auch jene des Herrn Pr. Prosperin aus Upſal, einen verdienten Platz einräumen zu müſſen, welche die Beſtimmungsſtücke bey den kleinſten Abſtänden der Bahnen aller bisher berechneten Cometen von der Erdbahn zeiget. Dieſe Tafel, aus welcher ſich die Gefahr beurtheilen läſst, welche die Erde bey der Annäherung eines Cometen zu befürchten hat,*) wird wohl für manche Leſer einen groſsen Reitz haben; ſie werden hieraus ihre Neugierde befriedigen können, und die Furchtſamen den Troſt und den Beruhigungsgrund finden, daſs wenigſtens die bisher ſeit dem Jahr 837 bekannte und berechnete 84 Cometen, wenn ihre Bahnen auch ohne Ordnung im Weltraum zu liegen ſcheinen, doch ſo weislich geſtellt ſind, daſs die Erde von ihnen keinen Anſtoſs zu befürchten gehabt hat, oder

*) Der berühmte Halley hielt eine ſolche Gefahr nicht für unmöglich; er ſagt daher am Ende ſeiner Cometographie: "*Colliſionem vero vel contactum tantorum corporum ac tanta vi motorum (quod quidem manifeſtum eſt minime impoſſibile eſſe) avortat Deus O. M. ne pereat funditus pulcherrimus hic rerum ordo et in chaos antiquum redigatur.*" Lambert war der Meynung, in ſeinen kosmologiſchen Briefen, daſs ein ſolches Zuſammentreffen nicht ſtatt haben könne. Du Sejóur hält die Wahrſcheinlichkeit der Gefahr, welche die Erde von Cometen zu befürchten hat, ſoviel als ganz unmöglich, da er ſie ein unendlich kleines von der zweyten Ordnung nennt. Da wir alle Abſichten des Schöpfers in der Natur zu beurtheilen, viel zu ſchwach ſind, ſo läſst ſich eine ganz abſolute Unmöglichkeit dieſes Falles zwar nicht rigoros beweiſen, aber die vielen Umſtände, welche hier zuſammentreffen müſſen, machen die Sache im höchſten Grad unwahrſcheinlich.

oder wenn ſie wieder zurückkehren ſollten, zu befürchten haben wird. Es beſtätiget ſich alſo auch hier die alte Wahrheit, je näher man des Schöpfers Werke kennen lernt, deſtomehr bewundert man die weiſe Vorſicht dieſes allmächtigen Baumeiſters in der Anordnung dieſes groſsen Weltalls, und in den unter ſo vielen Weltkörpern nach ſo einfachen Geſetzen doch ſo weislich vertheilten Anlagen, daſs ſich nichts verwirren, trennen, ſtoſsen und zerſtören kann. Wer ſieht, fühlt und beurtheilt dieſe tiefe Weisheit anſchaulicher, vertrauter und inniger, als der Aſtronom? Und doch durfte in unſern Tagen ein deutſcher Staatsmann die Verläumdung, um kein ſtärkeres Wort zu gebrauchen, wagen, Aſtronomie führe zum Atheiſmus

Devotion! Daughter of Aſtronomy!
An undevout aſtronomer is mad.
True; All things ſpeak a God; but in ſmall,
Men trace out Him; in great He ſeizes man

YOUNG's Night-Thougths. *N. IX. v. 772 ſq.*

Herrn Proſperins Tafel findet man nirgends zuſammengeſtellt. Sie findet ſich ſtückweiſe in den ältern ſchwediſchen Abhandlungen 37. B. und in den neuern 6ten Band, in den Pariſer Memoiren 1773; in den Wiener Ephemeriden 1776, und in den Berliner Jahrbüchern 1781 und 1799, zerſtreut. Hier erhält man ſie im Zuſammenhange, bis auf den vorlezt erſchienenen Cometen.

Schlüſs-

Schlüſslich zeige ich hier noch an, daſs mir Herr Pr. Hennert aus Utrecht ohnlängſt einen neuen Verſuch die Laufbahn der Cometen zu berechnen, zugeſchickt hat. Dieſen habe ich Hoffnung, nebſt einer neuen Abhandlung über die Stralenbrechung, und der ganz umgearbeiteten Petersburger Preiſsſchrift dieſes Geometers: *Diſſertatio de perturbatione motus diurni terrae ab Acad. Sc. Petropolit. praemio ornata Petrop. 1787. 4to*, in einem Bande herauszugeben, welcher den 2ten Theil ſeiner *Diſſertations de Phyſique & de Mathematique* ausmachen ſoll. Der Abdruck dieſes Preiſsſchrift, obgleich ſolche im Jahr 1787 erſchienen, iſt ſogar ihrem Verfaſſer ſelbſt noch nicht zu Geſichte, und in keinen Buchhandel gekommen; daher ſie auch Herrn de la Lande bey der letzten Ausgabe ſeiner Aſtronomie Art. 949 unbekannt geblieben iſt. Dieſe Abhandlung hab ich mir erſt von dem Herrn Ritter und beſtändigen Secretär der kaiſerl. Akademie Albert Euler, aus Petersburg, erbitten müſſen. Sie iſt nach dem eigenen Geſtändniſs ihres Verfaſſers die beſte Arbeit, welche aus ſeiner Feder gefloſſen iſt; ſie wird von ihrem Verfaſſer nach den neueſten Datis in franzöſiſcher Sprache ganz umgearbeitet, und den ſchönſten und wichtigſten Beytrag zu dieſem 2ten Bande ausmachen.

Auf die im Eingang dieſer Vorrede angezeigten Umſtände, daſs nämlich in Zeit von drey Wochen

die-

dieſes Werk gedruckt und auf die Meſſe geliefert werden muſste, hoffe ich, werden billige Richter Rückſicht nehmen, wenn wider alles Verhoffen noch einige Druckfehler ſollten ſtehen geblieben ſeyn. Vermiſst man übrigens in dem Vortrag dieſer Vorrede und in der Erklärung der Tafeln die nöthige Correctheit, welche ohnehin bey mathematiſchen Werken, wo man nur auf Deutlichkeit und Verſtändlichkeit ſieht, minder bedeutend iſt, ſo wird man um ſo mehr hier auf Nachſicht rechnen können, da der Herausgeber nicht allein kein gebohrner Deutſcher, ſondern auch bey der groſsen Eilfertigkeit den Vortheil der Muſe und der mehrmaligen Umarbeitung entbehren muſste.

Sternwarte auf Seeberg
bey Gotha,
den 16. May 1797.

F. v. Zach.

Horner wird zurechtgerüffelt

Der Schweizer Johann Kaspar Horner (1774-1834) war vom Frühjahr 1798 bis zum Sommer 1799 Adjunct von Zach auf dem Seeberg [44, S. 186] und hat als solcher auch am Kongreß 1798 teilgenommen. Horner, der später Professor für Mathematik in seiner Vaterstadt wurde, hat Zach die Zurechtstutzung nicht übelgenommen, sondern ist im Gegenteil bis ins Alter einer von dessen wenigen bewährten Freunden geblieben. Und der Züricher Astronom und Historiker der Astronomie, Rudolf Wolf (eben der mit den Sonnenfleckenrelativzahlen), der Horner bei anderer Gelegenheit als seinen väterlichen Freund bezeichnete, schreibt in seiner Zach-Biographie [44, S. 216]: „Die von mir [...] niedergelegten Briefe von Zach an Horner und Schiferli wimmeln von scharfen Bemerkungen – sind aber zum Theil wahre Muster von Briefen, so namentlich sein Brief an Horner vom 27. März 1803, durch den er diesen jungen Mann auf den richtigen Weg stellt."
Offenbar hatte Zach Horner schon mehrere Vorschläge gemacht, aber ihn, der nie anbeißen wollte, *nicht* für die Stelle in Bologna genannt; darüber scheint Horner sich beklagt zu haben – und ob solcher Frechheit platzte Zach nun der Kragen. Aus dem Anfang des folgenden Briefs ist zu entnehmen, daß Horner zur Einsicht gelangt ist; Zach schlägt ihm daraufhin vor, Astronom bei der Krusensternschen Weltumseglung zu werden, was Horner annimmt, wenn Zach auch letzte Bedenklichkeiten zerstreuen zu müssen meint.

Quelle: R. Wolf (Hrsg.) Vierteljahresschrift der Naturforschenden Gesellschaft in Zürich 15 (1870) 404ff.

*

Seeberg 1803 III 27. Drey Monate sind nun verflossen, seitdem ich von der italienischen Republik den Auftrag erhielt ihr einen deutschen Astronomen zu verschaffen. Sie können also leicht denken, dass ich das Vierteljahr nicht müssig war, und mich in manche Negociationen schon eingelassen habe. Unverholen will ich Ihnen die Männer nennen, welchen ich diesen Ruf schon gegeben habe, und unterlasse es Ihrer eigenen Beurtheilung, ob ich meine Wahl gut getroffen habe, und ob Sie mit solchen Männern sich in Concurrenz stellen können. Die italienische Republik verlangt einen Mann von Ruf, und diese überaus gute Stelle soll zugleich Belohnung für's Verdienst seyn. Glauben Sie, dass Sie den italienischen Ministern und den Astronomen durch Ihren Ruf schon bekannt geworden sind? Die drey Gelehrten aber, die ich in Vorschlag gebracht habe, sind es, und zwar in hohem Grade. Diess werden Sie selbst nicht in Abrede stellen, wenn Sie ihre Namen werden gelesen haben. Sagte ich es Ihnen nicht immer, lieber bester Horner, machen Sie sich in der gelehrten Welt bekannt? Aber Sie hörten nicht auf die Stimme Ihres Freundes! Nicht so viel konnte ich, in so vielen Jahren von Ihnen erreichen, dass Sie die Länge und Breite von Hamburg genau bestimmt hätten; aus Ihren letzten Sternbedeckungen konnten Bürg, Triesnecker und Wurm ebenso wenig etwas gescheutes und passendes herausfinden, als aus Ihren Vorigen. Sie waren in Lagen, wie keiner dieser Männer war, die ich Ihnen sogleich nennen werde, und Sie haben von diesen glücklichen Augenblicken nicht profitirt; wie soll ich erwarten oder hoffen, dass Sie dieses in Bologna thun werden, da Sie mir so anhaltende und fortdauernde Beweise vom Gegentheil gegeben haben. Es ist ja hier nicht von der Besetzung eines Canonicats, einer Sinecure die Rede, man will einen thätigen Mann, der die in Bologna erloschene Sternkunde wieder zum Aufleben bringen soll. Astronomie war Ihnen aber nie ans Herz gewachsen, das weiss niemand besser als ich, und – das ganze astronomische Publicum. Dass aber eine gute Besoldung Lust und Liebe zu einer Wissenschaft gibt, das glaube ich nun gar nicht, – bin vielmehr des Gegentheils überzeugt. Sie rissen sich bey bedrängten Umständen nicht aus Ihrer Indolenz, was werden Sie erst bey einer sichern Gemächlichkeit thun. Wie hätte ich bey Besetzung dieser Stelle auf Sie verfallen sollen, da Sie mir schon zwey sehr gute Stellen refüsirt haben. Daran war abermals – ich mag nicht sagen was, Schuld. Sie wollten nicht nach Süd-Preussen, nicht nach St. Petersburg und bedachten nicht, dass dies Stuffen ad majora et ad meliora waren. Warum soll ein junger Mann, wie Sie, in der Welt nicht etwas versuchen. Aber es ergeht Ihnen, wie den alten Jungfern, die so eckel im Heyrathen sind, herumklauben, die Wahl haben wollen, und am Ende ohne Männer, als alte Jungfern sitzen bleiben. Dies ist ganz Ihr Fall. Wäre ich ein Theologe, so sagte ich Ihnen, das wäre die Strafe Gottes. Wären Sie nach Petersburg gegangen und hätten sich da gezeigt (welche herrliche Gelegenheit hatten Sie nicht durch meine M.C! Bedenken Sie es nur selbst. Ich, Ihr Freund, der Herausgeber dieser Zeitschrift, und Sie haben diese goldne Advantage gar nicht erkannt, nicht benutzt, vielleicht sogar verachtet), so sässen Sie vielleicht schon warm in Bologna. Aber wie soll ich meine Ehre, meine Reputation vor ganz Italien mit Ihnen risquiren? Sie thaten ja nie, was ich Ihnen so freundschaftlich, so wohlwollend gerathen habe, wie kann ich erwarten, dass Sie auf die Stimme Ihres Freundes auf dem Seeberg in dem noch träger machenden Italien hören werden? Nun habe ich Ihnen die Leviten gelesen, um Ihr Herz recht zu erschüttern, überlassen und führen Sie sich meine Worte recht zu Gemüthe, und lesen Sie im Text weiter. – Die drey Candidaten, welche ich für Bologna in Vorschlag gebracht habe, sind in der Ordnung folgende: Bohnenberger, Bürg und Gauss. Das sind Männer, die ich nur zu nennen brauche, um die Bestätigung auf der Stelle per unanimia zu erhalten. Die Verdienste dieser Männer, und was diese in den Wissenschaften geleistet haben, brauche ich Ihnen hoffentlich nicht zu sagen. Aber keiner von diesen Dreyen hat noch ganz angenommen. B o h n e n b e r g e r hat Lust, aber der Herzog und der Kirchenrath lassen ihn nicht fort, und wollen ihn entschädigen, wenn er bleibt. Nun kommt es auf die Art der Entschädigung an, die wir bey dem langsamen Geschäftsgang noch nicht wissen; es ist aber wahrscheinlich, dass man Bohnenberger an sein Vaterland fesseln wird. Mit B ü r g ist es ebenso, er hat eine schöne Stelle in Paris ausgeschlagen, und man will ihn als Director der Sternwarte nach Ungarn auf die Universität von Pest versetzen, ist also auch in suspenso. G a u s s will der Herzog von Braunschweig nicht fortlassen, giebt ihm jetzt schon, für nichts und wieder nichts, eine blanke Pension von 600 rh. aus seiner Chatoulle, will selbst eine Sternwarte in Braunschweig bauen, wozu ich bereits den Anschlag gemacht habe. Gauss kommt jetzt zu mir und wird ein Jahr bey mir bleiben, da werden Sie sehen, wie der Mann von meinen Anstalten profitiren wird? So stehen die Sachen, Sie sehen also, die Stelle in Bologna ist noch nicht vergeben. Sehen Sie nun, wenn ich hätte sagen können: Ich bringe l'Astronome impérial de St. Petersbourg Mr. le Docteur Horner in Vorschlag, qui déja a fait revivre l'Astro-

nomie éteinte en Russie, il la fera bien revivre à Bologne, so wäre dies wohl eine affaire faite gewesen. Wenn ich Sie aber nenne, le Dr. Horner! so sagen Oriani, Reggio, Cesaris, Cagnoli, Chiminello, Piazzi, Casella, Ciccolini, etc.: Qui est ce Mr. Horner? qu'a-t-il fait? Was soll ich darauf antworten?...
Ich wollte ich könnte Ihnen die Qualificationen und Aufzählung der Verdienste und Geschicklichkeiten obiger drey Männer schikken, die ich an den Vice-Präsidenten Melzi nach Mayland geschickt habe! Da sollten Sie sehen, wie ich da mit Ehren bestehen kann. Bürg, als Meyer II., der zwey Preise und einen Ruf nach Paris erhalten hat. Gauss, den Laplace den grössten jetzt lebenden Geometer nennt! Was soll ich von Ihnen sagen? Denn so viel sehen Sie wohl ein, dass ich das Subjekt, das ich empfehlen soll, auch à la connaissance der Patronen introduciren muss. Wer hat mir hier die Hände gebunden? Wird nicht Lalande der erste seyn, wenn die Bestätigung an den Oberconsul Bonaparte nach Paris gehen wird, der ausrufen wird: Ah! Ah! c'est donc le paresseux Mr. Horner, que mon ami Zach a recommandé!! So nannte Sie ja Lalande by mir. Ueber Bologna kann ich Ihnen nichts versprechen. Man wird vom Fähnrich nicht gleich General, und Sie haben nie von unten auf dienen wollen, daher haben Sie auch allen Rang inter Astronomos verloren, seitdem Sie von mir weg sind, und Sie sich selbst aus der Rangliste ausgestrichen haben. Mein Rath ist also, Sie fangen wieder an zu dienen, ganz will ich Sie um Ihre Dienstjahre nicht bringen, ich schlage Ihnen daher die Astronom-Stelle in der neuen Universität Dorpat vor. Gewiss kann ich Ihnen diese Stelle nicht einmahl versprechen, die ich Ihnen im vorigen Jahr sonica hätte geben können, aber ich will mein mögliches thun. Denken Sie an meine Parabel der alten Jungfern. Es sind noch andere Dinge im Werke, davon noch nicht Zeit ist zu sprechen; aber arbeiten Sie, seyn Sie fleissig; machen Sie durch Schriften und Aufsätze bekannt, so kann und wird es Ihnen nicht fehlen, aber gebrattene Tauben fliegen niemandem von selbst ins Maul; es ist ein altes Sprich- und Wahr-Wort: Unusquisque fortunae suae faber. So viel sind der Worte über diesen Punct, antworten Sie mir bald wegen Dorpat, es ist keine Zeit zu verliehren.

Abb. 5 Johann Caspar Horner (1774-1834) Aus Band 2 der „Gallerie berühmter Schweizer der Neuzeit“, Lithographien von Fr. und H. Hasler. 2 Bände, Aarau 1868 und 1871. (Aus Mitteilungen der Gauß- Gesellschaft 5 (1986) nach S.8)

Seeberg 1803 IV 27. Sie sagten mir in Ihrem letzten Briefe, Sie giengen hin, wohin ich schickte. Wohlan! Ich schicke Sie um die Welt. Courage lieber Horner. Jetzt oder nimmermehr. Aut Caesar aut nihil. Sie können Ihre Fortune auf immer machen oder ... Doch zur Sache: Der Kayser von Russland schickt eine Expedition zu einer Entdeckungsreise um die Welt aus. Herr von Krusenstern führt sie (ein Deutscher ergo Landsmann). Verschiedene Gelehrte aus allen Fächern gehen mit. Ich habe den Auftrag den Astronomen zu liefern, und dieser soll Dr. Horner heissen. Die Conditionen werden die Besten seyn, und zwar so, dass wenn Sie zurückkommen Ihre independente Fortune gemacht ist. Frisch auf! Lieber Doctor! Nur vorerst Antwort, Ja oder Nein? Ich habe Sie schon vorläufig in Vorschlag gebracht, und die Saiten hochgespannt. Welche Carrière für Sie? Drey Jahre etwas Mühseligkeiten auf der See ausgestanden, und dann sind Sie auf Lebenszeit ein geborgener und berühmter Mann; also nur geschwinde Ja oder Nein, es ist keine Zeit zu verliehren. Fortuna audaces juvat. Ich erwarte Ihre Antwort mit umgehender Post, die Negociationen mit Russland dauern lang, ein Brief braucht einen Monat. Dass ich Ihr bestes Interesse besorge, brauche ich Ihnen nicht erst zu sagen.

Seeberg 1803 V 23. Bravo! Liebster Freund. Sie acceptiren also. Die ganze Welt hätte es Ihnen verargt, wenn Sie es nicht gethan hätten. O wie viele Menschen giebt es hier, die Sie beneiden, und die bedauern nicht an Ihre Stelle treten zu können. Andere sollicitiren darum, worum man Sie bitten und bereden muss! Was macht dann eine Abwesenheit von 3 Jahren Ihrer guten Mutter! Es ist ja länger, dass Sie sie nicht gesehen haben, sie ist deshalb noch nicht gestorben. Was brauchen Sie ihr zu sagen, dass Sie an Salzwasser erstikken wollen, oder wer wird so Poltron seyn und sich vor Eisbären fürchten! Sogar unser alter Generalsuperintendent Loffler sagte: „Dr. Horner ist nicht klug, könnte ich durch diese Reise von drey Jahren meine Independenz auf meine übrige Lebenszeit erkaufen, ich gieng sogleich auf der Stelle, obgleich ich Frau und Kinder habe." Welcher Contrast! Ich habe noch einen andern Freund, einen vortrefflichen Kopf, welcher wünscht von dieser Reise zu seyn, ich habe ihn beym Minister in Vorschlag gebracht. Diesem Menschen wird bange, dass er refüsirt wird; er gäbe von dem Seinigen etwas dazu, wenn ihm nur erlaubt würde, mitreisen zu dürfen, er verlangt nicht einmahl einen Gehalt. Wenn dieser Mensch (den Sie per Reputation kennen, den ich aber noch nicht nennen kann) mitgeht, so haben Sie einen wackern Reisegefährten, der Ihnen gewiss Muth einsprechen wird, und aus dem Sie sich einen würdigen Freund machen können. – Ich bin durchaus dagegen, dass Sie nach Hause zu den Ihrigen reisen, denn Sie sind sonst ein verlohrener Mensch; dann, dann erst, bringen Sie Ihre alte Mutter um. Was braucht es solche Vorbereitungen zum Tode! Wissen Sie denn nicht, dass heut zu Tage eine Reise um die Welt nur ein Haasensprung ist. Was ist denn eine Absence von 3 Jahren? Ehe Sie sich umsehen, sind sie herum. Machen Sie in Gottes Namen Ihr Testament, legen es bey Ihren Brüdern nieder, und sagen der Mutter, Sie machten auf ein paar Jahre eine Promenade. Die Chance auf einer Reise um die Welt ist nicht grösser als auf einem deutschen Postwagen, auf letzterm können Sie eher den Hals stürzen, als auf erster ersaufen; unter 50 Reisen um die Welt ist erst eine verunglückt. Ich setze gleich eine Wette mit jemanden von 10 Rthlr., dass Sie zurückkommen und nicht ersaufen. Mit welcher Sorgfalt und Vorsicht, werden solche Reisen nicht veranstaltet? Die Fahrt von England nach Irrland bei Holyhead ist tausendmal gefährlicher. Ihre Reise ist wirklich kein so halsbrechendes Werk. [...]

*

Die ersten astronomischen Fachzeitschriften

Schon früher hatte es neben selbständigen Büchern astronomischen Inhalts einzelne Fach-Aufsätze gegeben. Sie konnten jedoch ausschließlich in den Aufsatz-Anhangsteilen der verschiedenen astronomischen Jahrbücher erscheinen. Für den deutschen Sprachraum und darüber hinaus war vor allem das lange von Bode in Berlin herausgegebene (im folgenden kurz BAJ) von großer Bedeutung; minder populär, aber auch wichtig die in Latein erscheinenden Wiener Ephemeriden. Selbstverständlich war damit quantitativ kein großes Volumen unterzubringen und an schnelles Erscheinen aktueller Daten nicht zu denken. Was die Quantität betrifft, so war der Stau von Aufsätzen beim BAJ gegen Ende des 18. Jahrhunderts so groß geworden, daß 4 Supplement-Bände erscheinen mußten (1793, 1795, 1797 und 1808). Die ersten drei Bände wurden zu bedeutenden Teilen mit Beiträgen von Zach und seiner Korrespondenten gefüllt, der erste sogar von Zach als Unterherausgeber betreut und in Gotha gedruckt. Ich stehe daher nicht an, diese Supplemente als die Vorläufer der Zachschen Zeitschriften anzusehen. Die logische Konsequenz war die Gründung einer eigenen Zeitschrift, und zwar zunächst mit dem bekannten Weimarer Verleger Bertuch: ab Anfang 1798 erschienen monatlich die „Allgemeinen Geographischen Ephemeriden“, wobei ein Halbjahr einen Band ergab [23, 24].

Sie enthielten keineswegs nur Astronomie, sondern, wie schon der Name sagt, ebenso Geographie, worunter allerdings nicht nur die rein beschreibende, sondern eben auch die exakten Teile zu verstehen waren, heute eher der Geodäsie zugeschrieben, damals jedoch mit gleichem Recht als astronomisch anzusehen. Der entscheidende Punkt war für Zach, durch ein Medium, das ruhig auch andere publikumswirksame Inhalte haben konnte, *ebenso* einen Platz für wirkliche astronomische Fach-Aufsätze zu schaffen. Für die „leichte“ Ware, die sein Schiff flott halten sollte, wählte er in einem Brief die schöne Metapher des Korkholzes! Bereits nach zwei Jahren gefielen ihm die AGE – oder seine eingeschränkten Herausgebermöglichkeiten – offenbar nicht mehr, und er entschloß

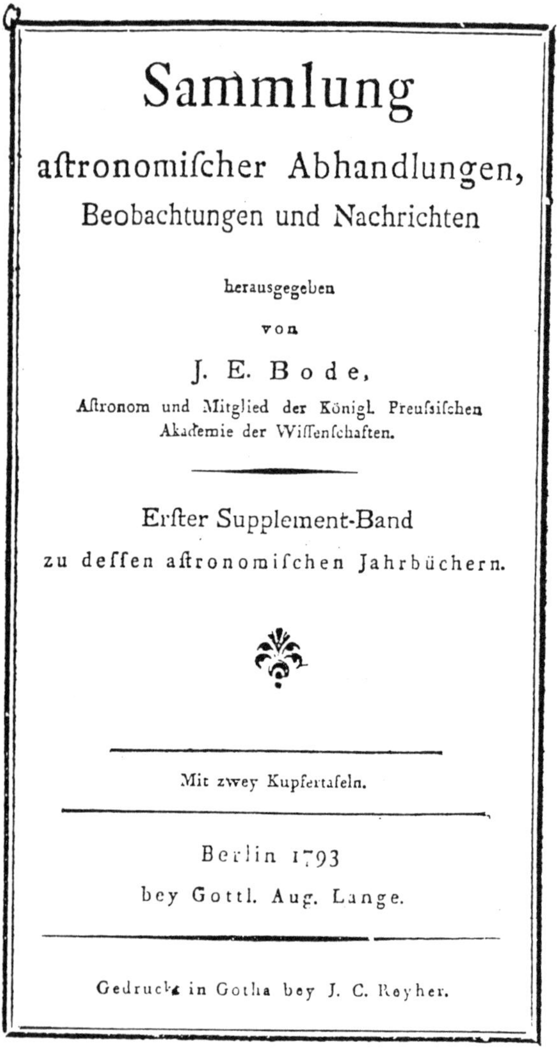

Sammlung
aſtronomiſcher Abhandlungen,
Beobachtungen und Nachrichten

herausgegeben

von

J. E. Bode,

Aſtronom und Mitglied der Königl. Preuſsiſchen Akademie der Wiſſenſchaften.

Erſter Supplement-Band

zu deſſen aſtronomiſchen Jahrbüchern.

Mit zwey Kupfertafeln.

Berlin 1793

bey Gottl. Aug. Lange.

Gedruckt in Gotha bey J. C. Reyher.

Abb. 6 Titelblatt des ersten Supplementbands zu dem von Bode in Berlin herausgegebenen Astronomischen Jahrbuch

Allgemeine

Geographiſche

EPHEMERIDEN.

Verfaſſet

von

einer Geſellſchaft Gelehrten

und herausgegeben

von

F. von Zach,

H. S. G. Obriſtwachtmeiſter und Director der herzoglichen
Sternwarte Seeberg bey Gotha.

Erſter Band.

Weimar,

im Verlage des Induſtrie-Comptoirs.

1798.

Abb. 7 Titelblatt der von Zach herausgegebenen Zeitschrift „Allgemeine Geographische Ephemeriden"

MONATLICHE

CORRESPONDENZ

ZUR BEFÖRDERUNG

DER

ERD- UND HIMMELS-KUNDE.

Herausgegeben

vom

Freyherrn F. VON ZACH,

Herzoglichen Sachſen-Gothaiſchen Oberhofmeiſter.

XXVIII. BAND.

GOTHA,

im Verlage der Beckerſchen Buchhandlung.

1813.

Abb. 8 Titelblatt der von Zach herausgegebenen „Monatlichen Correspondenz“

sich, eine neue eigene, die „Monatliche Correspondenz ..." (MC) herauszubringen (mit dem Gothaer Verleger Z. Becker, auch er anderweitig bekannt als Verleger des „Reichsanzeigers", politisch Zach wohl näherstehend als Bertuch). Es gab darüber einen Streit mit Bertuch, der zunächst versuchte, die Abonnenten durch eine nicht von Zach autorisierte Beilage in „irdische" und „himmlische" zu teilen, während es Zach wohl eher darum ging, den Anteil exakter und eigentlicher Fach-Artikel zu erhöhen, seien diese auch terrestrischer Natur.

Nach dem Tode des Herzogs Ernst II ging Zach mit der Herzogin zuerst auf deren Witwensitz nach Eisenberg, und sein Schüler und Freund B. A. von Lindenau wurde erst de facto, dann auch de jure sein Nachfolger am Seeberg. Bei der Herausgabe der MC muß jedoch weiterhin mit einem starken Anteil Zachs gerechnet werden, im 14. Bande findet sich sogar Eisenberg als Druckort angegeben.

Die MC ging zeitbedingt 1813 unter. Ein kurzlebiges Nachfolge-Organ war 1816 bis 1818 die „Zeitschrift für Astronomie" (ZfA) von Lindenau und Bohnenberger. Schließlich gab Zach am Altersitz seiner Herzogin, in Genua, ab 1818 noch einmal, nun auf Französisch, eine „Correspondance astronomique ..." (CA) heraus, die er erst 1826 krankheitshalber abbrechen mußte. Sie hatte starke geschichtliche Akzente und war auch ein Journal, das die Ergebnisse mediterraner Wissenschaftler, vor allem der Italiener, nach Mitteleuropa transferierte. Der Platz von Zachs früheren Zeitschriften, deren Eingehen gerade Bessel besonders beklagt hatte, war 1821 von den „Astronomischen Nachrichten" H. C. Schumachers besetzt worden. Und obwohl dieser Zach nicht besonders mochte, hat er doch vieles übernommen, vor allem die kurze und aktuelle Information, die in der Zeit vor der Telegrafie eben die schnellste überhaupt war – die Briefe wanderten oft frisch von der Post zum Setzkasten.

Ein schneller Austausch ist sicher für jede Disziplin wünschenswert; für die Astronomie darüber hinaus aus speziellen Gründen lebenswichtig: ephemere Erscheinungen (insbesondere Kometen) müssen schnell bekanntgemacht werden, damit sie möglichst vollständig beobachtet werden (das Wetter bleibt ja nicht beim Entdecker gut).

Zeitschrift

für

Astronomie

und

verwandte Wissenschaften,

herausgegeben

von

B. von Lindenau und J. G. F. Bohnenberger.

Zweiter Band

Stuttgart,

in der J. G. Cotta'schen Buchhandlung.

1816.

Abb. 9 Das Titelblatt der von Lindenau und Bohnenberger herausgegebenen „Zeitschrift für Astronomie"

Für Kometen und kleine Planeten müssen aus den Beobachtungen Bahnen gerechnet und diese wieder verbreitet werden, damit die Objekte nach ihrem Verschwinden hinter der Sonne wiedergefunden werden können.

CORRESPONDANCE

ASTRONOMIQUE,

GÉOGRAPHIQUE, HYDROGRAPHIQUE

ET STATISTIQUE

DU

BARON DE ZACH.

Sans franc-penser en l'exercice des lettres,
Il n'y a ni lettres, ni science, ni esprit, ni rien.
PLUTARQUE.

Premier Volume.

À GÊNES,
Chez A. PONTHENIER, imprimeur-fondeur,
Place Pollaroli, n.° 1.

An 1818.

Abb. 10 Das Titelblatt der von Zach in Genua herausgegebenen „Correspondance astronomique"

Allgemeine

Geographiſche

EPHEMERIDEN.

I. Stück. JANUAR 1798.

Einleitung.

Es iſt ohnehin eines jeden Herausgebers erſte Pflicht, bey Eröffnung einer neuen periodiſchen Zeitſchrift ſeine Leſer mit der Veranlaſſung, mit dem Plane und mit dem Endzwecke derſelben näher bekannt zu machen. Der Herausgeber der *allgemeinen geographiſchen Ephemeriden* glaubt daher, dem Publicum dieſe Anzeige um ſo mehr ſchuldig zu ſeyn, da er einen, für manche ſeiner Leſer vielleicht ganz unerwarteten Geſichtspunct anzugeben hat, aus welchem ſie zu beurtheilen haben, was er in dieſer Schrift zu leiſten verſpricht, und was ſie darin zu erwarten haben.

Nachdem *Büſching's wöchentliche Nachrichten von Landkarten und Büchern*, *Zimmermann's Anna-*

Einleitung.

len der Geographie und Statiſtik, *Bruns und v. Zimmermann's Repertorium für die neueſte Geographie, Statiſtik und Geſchichte*, *Bernoulli's Recueil pour les Aſtronomes* etc..... ganz aufgehört haben, fühlten die Liebhaber der Geographie, Aſtronomie und Statiſtik die dadurch entſtandene Lücke nur zu lebhaft. Um dieſem literariſchen Bedürfniſſe abzuhelfen, haben ſich mehrere der angeſehenſten und würdigſten Gelehrten in ganz Europa vereiniget und ſich zur gemeinſchaftlichen Bearbeitung gegenwärtiger *allgemeinen geographiſchen Ephemeriden* verbunden. Allein der Zweck dieſer Zeitſchrift ſoll ſich nicht bloſs darauf einſchränken, unſre Leſer mit allem Wiſſenswürdigen, was im Fache der Geographie, Aſtronomie und Statiſtik erſcheint, bekannt zu machen, und ihnen die neueſten Producte dieſer Wiſſenſchaften aus allen Ländern ſchnell und mit unparteyiſchem Urtheile anzuzeigen, ſondern er geht auch, und zwar *vorzüglich*, dahin, zur Fortrückung und Verbreitung dieſer Wiſſenſchaften möglichſt beyzutragen und durch neue und eigene Arbeiten die Gränzen derſelben zu erweitern. Unſere gegenwärtigen *allgemeinen geographiſchen Ephemeriden* werden daher nicht nur Anzeigen und Recenſionen aller neuen Bücher geographiſchen, aſtronomiſchen und ſtatiſtiſchen Inhalts, ſie mögen erſcheinen, in welcher Sprache ſie wollen, wenn ſie nehmlich zur Aufklärung und Erweiterung dieſer Wiſſenſchaften beytragen, und aller neuen Land- und Seekarten und topographiſchen Plane, die in ganz Europa herauskommen, enthalten, ſondern auch, und haupt-

Einleitung.

hauptſächlich, Originalaufſätze über Geographie, Aſtronomie, Statiſtik, Länder - und Völkerkunde betreffende Gegenſtände liefern, welche neu, wichtig, belehrend, und Gewinn für die Wiſſenſchaft ſeyn ſollen.

Es bedarf wol in unſern Tagen kaum einer Erinnerung, vielweniger eines Beweiſes, daſs die Sternkunde die wahre Mutter der Geographie ſey, daſs ohne dieſe die Erdkunde wol nie zu der Stufe von Vollkommenheit gebracht worden wäre, zu welcher ſie gediehen iſt, und noch mehr gelangen wird, ſo lange man auf dieſem einzigen Wege an ihrer Vervollkommnung fortarbeiten wird. Von der erſten wahren Erkenntniſs unſerer Erde an bis auf die richtige Vermeſſung der allerkleinſten Provinz hängt ja alles von aſtronomiſchen Kenntniſſen ab; ohne ſolche würden wir weder die wahre Gröſse und Geſtalt unſers Erdballs, noch die wahre Lage der Länder, Provinzen, Städte und Dörfer u. ſ. f. welche die Oberfläche derſelben einnehmen, kennen gelernt haben. Wer auch nur die allererſten Anfangsgründe dieſer beyden Wiſſenſchaften inne hat, kennt ihre enge und unzertrennliche Verbindung. Unſere geographiſche Zeitſchrift wird daher nicht nur dem *Geographen* und *Statiſtiker*, ſondern zunächſt auch dem *Aſtronomen* gewidmet ſeyn.

Die gewöhnliche Vernachläſſigung unſrer geographiſchen Karten, ihr mittelmäſsiger, für manche Länder höchſt elender Zuſtand, wo rührt dieſer anders her, als von der Vernachläſſigung dieſer aſtronomiſchen Hülfe, durch welche allein eine wahre und richtige Darſtellung der Länder nach allen ihren Verhältniſſen zu Stande gebracht werden kann. Von wie

Einleitung.

vielen Landkarten kann man es rühmen, daſs ſie ſich auf genaue Vermeſſungen, oder auf geographiſche Ortsbeſtimmungen gründen? Ja wie viele richtige Längen- und Breiten-Beſtimmungen ſind wol überhaupt in dem ganzen cultivirten Europa bekannt, an welchen nichts mehr zu verbeſſern übrig bliebe? Einer unſrer gröſsten und berühmteſten jetztlebenden Aſtronomen, Herr *de la Lande* in Paris, der ſelbſt um dieſen Zweig der Sternkunde ſich ſo bleibende Verdienſte erworben hat, fällt hierüber, noch am Schluſſe des 1797. Jahres, folgendes Urtheil: *) "*Il n'y a pas quatre poſitions ſur la terre, où l'on puiſſe répondre de deux ſecondes pour la différence des méridiens.*"

Was Wunder alſo, wenn wir in unſern gewöhnlichen geographiſ. und topographiſ. Karten weder wahre Längen und Breiten, weder die wahre Gröſse eines Reichs, noch deſſen richtige Lage und Gränzen angegeben finden, und dieſe ſelbſt heut zu Tage noch um 15 bis 20 Meilen fehlerhaft ſeyn können, wie wir dieſs in der Folge in den A. G. E. oft zu bemerken Gelegenheit haben werden. Auf was gründen ſich denn unſre heutigen geographiſchen Karten? die meiſten derſelben ſind Stückwerke, nachläſſig verbundene Aufnahmen gewöhnlicher Land- und Feld-Meſſer, die mit Meſsketten und ſchlechten Bouſsolen in einem Lande über Berg und Thal ziehen, Städte, Dörfer, Flüſſe, Wege, Berge, und ſogenannte Situationen auf das Papier bunt hinzeichnen, und ſich um wahre Ma-

*) Connaiſſance des tems pour l'année ſextile VII. de la République françaiſe (1799) publiée par le bureau des longitudes. (1797) page 445.

Einleitung.

Maſse, Entfernungen, Orientirungen, oder ſonſtige ſyſtematiſche Verbindungen gar nicht bekümmern. Wie ſollten ſie ſich auch um Dinge bekümmern, deren Daſeyn ſie nicht einmahl ahnen, da ſolche Leute kaum ein Dreyeck richtig zu meſſen oder zu berechnen wiſſen, Trigonometrie nur dem Namen nach kennen, und von geographiſchen Ortsbeſtimmungen gar keinen Begriff haben. Eine richtige Länder-Vermeſſung, ſo wie ſie der heutige Zuſtand der Wiſſenſchaft erlaubt, erfordert keine gemeine, ſondern tiefe Kenntniſs der Stern- und Meſskunde, verbunden mit vieler practiſchen Geſchicklichkeit, und die innigſte Bekanntſchaft und Vertraulichkeit mit den koſtbareſten, künſtlichſten und zuſammengeſetzteſten Werkzeugen. Dergleichen Arbeiten können daher nur den gewandteſten Aſtronomen übertragen werden; nur von dieſen iſt eine wahre und richtige Länder-Vermeſſung und eine wahre Landkarten-Reform zu erwarten; da wo dieſs geſchehen iſt, iſt es allein durch ſie geſchehen.

Unſere *allgemeinen geographiſchen Ephemeriden* ſollen daher der gemeinſchaftliche Vereinigungs-Punct, die allgemeine Niederlage ſeyn, in welche alle in der ganzen Welt zerſtreuten Aſtronomen (welche faſt alle an unſern Ephemeriden, als Mitarbeiter, Theil nehmen) ihre correſpondirenden aſtronomiſchen und geographiſchen Beobachtungen, Berechnungen, Ortsbeſtimmungen, und was ſonſt zur Aufnahme der Geographie dienen kann, einrücken und da zuerſt bekannt machen werden.

Bekanntlich haben die Aſtronomen aller Nationen bisher keinen beſtimmten und gemeinſchaftlichen

Einleitung.

Ort, wo ſie ihre correſpondirenden Beobachtungen, deren Auswechſelungen ſie gegenſeitig unumgänglich, und beſonders zum geographiſchen Behufe ſo nothwendig bedürfen, hätten bekannt machen, und wo ſie ſich dieſes wechſelſeitige literariſche Bedürfniſs auf eine ſichere und bequeme Art hätten verſchaffen können. Sie rücken ſolche Beobachtungen gelegentlich in ihre verſchiedenen aſtronomiſchen Ephemeriden, Jahrbücher und die Schriften der Academien ein; allein da alle dieſe Werke nur alle Jahre ein Mahl, oft noch ſeltner erſcheinen, ſo vergehen auch Jahre, ehe mancher Aſtronom die ſo ſehnlichſt erwartete correſpondirende Beobachtung zu der ſeinigen erhält; ja oft gelangt er gar nicht dazu, da manche Liebhaber der Sternkunde nicht einmahl Gelegenheit haben, ihre Beobachtungen bekannt zu machen, oder ſie rücken ſolche in eine der unzähligen periodiſchen Zeitſchriften, Provinzial-Blätter oder Zeitungen ein, wo ſie niemand erwartet und ſucht. Eine Menge koſtbarer, ausländiſcher Werke, in welchen dergleichen Beobachtungen vorkommen, erſcheinen theils ſpät, theils kommen ſie nicht ſo bald in Umlauf, manche auch gar nicht in den deutſchen Buchhandel, und daher dem unbemittelten Liebhaber nie zu Geſichte. Wie viele können durch einen ausgebreiteten und koſtſpieligen Briefwechſel in allen Theilen der Welt aus den Quellen ſelbſt ſchöpfen? Wie viele gute Beobachtungen, wie viele nützliche Berechnungen gehn dadurch nicht verloren, daſs niemand planmäſsig an ihrer Sammlung arbeitet und dergleichen Beobach-

tun-

Einleitung.

tungen ſo ſchnell als möglich herbeyſchafft und verbreitet! Wie vielen Aſtronomen vergehet nach Jahresfriſt nicht Zeit und Luſt, ihre Beobachtungen mit auswärtigen zu vergleichen und zu berechnen; ſie würden es gethan und richtige Reſultate für die Wiſſenſchaft daraus gezogen haben, hätten ſie dieſe correſpondirenden Beobachtungen bald und zur rechten Zeit erhalten; aber ſo haben ſie, in Ermangelung deſſen, ihre Beobachtungen bey Seite geſetzt, und durch die Länge der Zeit aus dem Gedächtniſſe verloren. Der Herausgeber ſpricht hier aus Erfahrung, denn wie oft iſt ihm dieſes nicht ſelbſt begegnet; zum Beweiſe deſſen, führt er hier folgendes merkwürdige Beyſpiel an. Im Jahr 1793 den 21. October wurde in *Porto Rico*, einer der groſsen antilliſchen Inſeln, von einem ſpaniſchen Seeofficier die Bedeckung des Sterns *Aldebaran* vom Monde beobachtet. Die Länge dieſes merkwürdigen Orts war vorher nie genau beſtimmt worden, und ſollte es erſt durch dieſe Beobachtung werden. Eine europäiſche correſpondirende Beobachtung deſſelben himmliſchen Phænomens muſste daher ſehr erwünſcht, und von deſto gröſserer Wichtigkeit ſeyn, nachdem der Austritt dieſes Sterns in America um die Mitternachtsſtunde, in Europa hingegen bey Tage fiel; es konnten daher nur jene europäiſchen Aſtronomen, deren Beobachtungsorte ſelbſt gut beſtimmt waren, und welchen groſse und viel vermögende Fernröhren zu Gebote ſtanden, dieſen Austritt des Sterns bey Tage beobachten. Dieſe Beobachtung wurde von dem Herausgeber auf der herzoglichen Sternwarte *Seeberg* bey Gotha

gut

Einleitung.

gut und vollſtändig gemacht, allein theils aus Vergeſ-
ſenheit, theils gerade wegen ſolcher Umſtände, wel-
che man hier darzuſtellen bemühet iſt, durch den
Druck nicht bekannt gemacht. Erſt im Jahre 1797,
nachdem Herr *de la Lande* die Berechnung der Länge
von *Porto Rico* durch dieſe Beobachtung vornehmen
wollte, und den Wunſch nach beſſern europäiſchen Beob-
achtungen, als er ſchon hatte, welche aber nicht beſon-
ders gut paſsten, in einem Schreiben gegen den Heraus-
geber äuſserte, wurde dieſer dadurch veranlaſst, in ſei-
nen Tagebüchern nachzuſchlagen, und er fand wirklich,
daſs dieſelbe Beobachtung unter ſehr günſtigen Um-
ſtänden war gemacht worden; ſie diente demnach
dazu, die wahre Länge von *Porto Rico*, die 10 Minu-
ten fehlerhaft war, und die wahre Gröſse des mexica-
niſchen Meerbuſens genau zu beſtimmen. Und dieſs
alles vermochten *zehn* Zahlen zu thun! Gerade aus ſo
vielen Ziffern und nicht mehr beſtand die ganze Beob-
achtung dieſer Stern-Bedeckung, welche uns die wah-
re Länge des Orts kennen lehrte, wo vor 300 Jahren
Chriſtoph Columbus (*Criſtoval Colon*) zuerſt gelandet,
und mit der Entdeckung von America den Anfang ge-
macht hatte. Hierzu muſste eine Beobachtung beytra-
gen, in einem ganz andern Welttheile, mitten auf
dem feſten Lande, und am Fuſse des thüringer Wal-
des angeſtellt! So wichtig können ein Paar Zahlen für
die Wohlfahrt ganzer Flotten, für das Leben ſo vie-
ler Tauſende werden!

Als unter Ludwig dem XIV. *Mr. de Chaumont* als
Bothſchafter an den Kayſer von *Siam* abgeſchickt
wurde, war ſeine Schiffahrt, aus Mangel guter See-
kar-

Einleitung.

karten und richtiger Längenbeſtimmungen, eine der ſonderbareſten. Als er ſeine Ueberfahrt von dem Vorgebürge der guten Hoffnung nach der Inſel Java machen ſollte, verfehlte das Schiff die Meerenge de la Sonde; es war 60 Meilen ſchon darüber hinausgeſegelt, als die Steuerleute den Eingang noch immer ſuchten; ſie muſsten mit einem günſtigen und friſchen Winde zwey Tage lang wieder zurückſegeln, um in dieſe Meerenge einlaufen zu können. Auf ihrem Rückwege vom Cap nach Frankreich befanden ſie ſich ganz unerwartet bey der Inſel *Flora*, einer der weſtlichſten azoriſchen Inſeln, da ſie ſich 150 Meilen davon entfernt glaubten. Zwölf Tage lang muſsten ſie immerfort oſtwärts ſegeln, um ihren Irrthum einzuhohlen und die Küſte von Frankreich zu erreichen; wie glücklich noch, daſs ſie in dieſer verlornen Zeit, wo ſie längſt im Hafen ſeyn konnten, kein Sturm ergriffen und in einem Gewäſſer, wo ſie ganz desorientirt waren, an Klippen und Inſeln getrieben hat. Hätte *Lord Anson*, auf ſeiner Reiſe um die Welt, die wahre Länge der Inſel *Juan-Fernandez* gekannt, ſo würde er haben früher landen können, und er hätte nicht 70 bis 80 Mann von ſeinem Schiffsvolke verloren, die wegen dieſer Unwiſſenheit elend umkommen muſsten. Hätte der franzöſiſche Admiral Graf *d'Orvilliers* nach der Seeſchlacht von *Ouëſsant*, den 27. Julius 1778, ſeine wahre Länge gewuſst, oder einen *Chronometer* an Bord gehabt, ſo hätte er die engliſche Flotte, die mit 20 Millionen aus Indien zurückkam, wegnehmen können; ſo aber hatte er bey ſeiner ganzen Flotte einen Fehler von 25 bis 30 Meilen in der

Länge

Einleitung.

Länge, welcher Irrthum ihn verleitet hatte, umzu-
kehren und in *Breſt* einzulaufen.

Dieſer ſo nützliche, ſo höchſtwichtige Zweig der
Geographie, den nur der Aſtronom allein gehörig zu
beſorgen weiſs, ſoll demnach in unſern *allgemeinen*
geographiſchen Ephemeriden beſonders bedacht wer-
den. In denſelben wird man nicht nur alle wichtige
aſtronomiſche Beobachtungen, welche in allen Thei-
len der cultivirten Welt angeſtellt werden, beſonders
jene, welche zum Nutzen der Geographie und zu
Längen- und Breiten-Beſtimmungen dienen, wie z. B.
Sonnen- und Mondsfinſterniſſe, Stern-Bedeckungen, Ju-
piters-Trabanten-Verfinſterungen, Mercurs-Durch-
gänge, Monds-Abſtände, Mittags-Höhen der Sonne und
Sterne u. ſ. f. ſo ſchnell als möglich angezeigt, ſondern
auch mehrentheils die Reſultate ſelbſt berechnet und an-
gegeben finden. Durch die bisherigen Verbindungsmit-
tel gelangten die Aſtronomen nur jährlich, da die aſtro-
nomiſchen Ephemeriden und die academiſchen Memoi-
ren nur jährlich erſcheinen, zu einigen dieſer correſpon-
direnden Beobachtungen; und da es bey allen dieſen
Werken nicht Zweck iſt, vollſtändige Sammlungen ſol-
cher Beobachtungen zu liefern, ſo iſt es auch nur zufäl-
lig, wenn ſie darin das, was ſie bedürfen, antreffen. Bey
unſern *allgem. geogr. Ephem.* hingegen ſoll dieſs Ab-
ſicht, Plan und Beſtreben ſeyn, dergleichen Beobach-
tungen ſo vollſtändig als möglich zu ſammeln, nachzuſu-
chen und zu liefern; es werden zu dieſem Endzwecke
Correſpondenzen mit allen Sternwarten in Europa un-
terhalten, und Aſtronomen und Liebhaber der Stern-
kunde können daher in unſern Blättern über ihre aſtro-
nomi-

Einleitung.

nomifchen Bedürfniffe Nachfrage halten, Geographen und Verfertiger von Landkarten fich nach zweifelhaften und unbekannten Ortsbeftimmungen erkundigen, oder über fonftige Erörterungen anfragen; allen foll, wofern ihre Anfragen nur gemeinnützig find, und ihre Auflöfung die Gränzen unfrer Blätter nicht überfchreitet, nach Möglichkeit und mit der gröfsten Bereitwilligkeit, Antwort, Berichtigung und Auffchlufs ertheilt werden, und da von den A. G. E. alle Monate ein Heft erfcheinet, fo erhält man auch eben fo fchnell, und nach Verhältnifs der Entfernungen der Orte, wo erft Nachrichten und Erkundigungen eingehohlt werden müffen, die allerneueften und zuverläffigften Beobachtungen. So wurde der Herausgeber durch feinen ausgebreiteten Briefwechfel in den Stand gefetzt, in Zeit von fechs Wochen *achtzehn* Beobachtungen der letzten Sonnenfinfternifs vom 24. Junius 1797 von *Madrit* bis *Danzig* zufammen zu bringen. Einer unfrer würdigften Mitarbeiter, der k. k. Aftronom Herr *Triesnecker* in Wien, hat auch fchon die Berechnung und die Längenbeftimmungen aus diefen gefammelten Beobachtungen für unfere *A. G. E.* übernommen. Wie wäre diefes ohne unfern lebhaften Verkehr mit allen Aftronomen in Europa möglich geworden? Nur durch unfern gegenwärtigen gemeinfchaftlichen Verein fo vieler Gelehrten zu demfelben löblichen Zwecke wurde es diefem berühmten wiener Aftronomen möglich gemacht, in fo kurzer Zeit die fo mühfame und langwierige Berechnung der Länge fo vieler entfernten Orte aus Sonnenfinfterniffen und Sternbedeckungen zu Stande zu bringen, und die intereffante, höchft-

wich-

Einleitung.

wichtige Abhandlung in dieſem erſten Hefte unſrer *A. G. E.* zu liefern, welche ſich vorzüglich dadurch auszeichnet, daſs ſie die zweifelhafte Länge von 45 Orten genauer berichtiget, worunter 9 noch ganz unbekannte neu beſtimmt worden ſind. Noch nirgend hat man in der Geographie und Aſtronomie ein ähnliches Beyſpiel aufzuweiſen, wie gegenwärtiges iſt, das uns Herr *Triesnecker* giebt; noch *nie* hat man in einer und derſelben Abhandlung die geographiſche Länge einer ſo groſsen Anzahl von Orten durch die ſo lange und beſchwerliche parallactiſche Rechnung, mit ſo vielem Fleiſse und Genauigkeit, nach den neueſten Hypotheſen und nach einerley Datis berechnet. Aſtronomen, die den Gang einer ſolchen zuſammengeſetzten Rechnung kennen, wiſſen den Werth dieſer ſchönen und mühevollen Arbeit richtig zu ſchätzen, und Geographen werden den Gewinn, der hieraus für die ganze Erdkunde erwächſt, nicht verkennen. Man muſs es zu den groſsen Fortſchritten der heutigen Sternkunde, und den jetztlebenden Aſtronomen zum Verdienſte anrechnen, daſs einige derſelben in neuern Zeiten ſo ſehr befliſſen waren, die höchſtmühſamen und beſchwerlichen parallactiſchen Berechnungen der Längenbeſtimmungen aus Sonnenfinſterniſſen und Sternbedeckungen, den einzigen zuverläſſigen Himmelsbeobachtungen zu dieſem Zwecke, zu unternehmen. Wie ſehr die Aſtronomen vormahliger Zeiten dieſe ſchweren Rechnungen, welche uns die wahren Grundlagen der Geographie liefern, geſcheuet, wie wenig ſie ſolche Erſcheinungen wirklich berechnet haben, beweiſet, daſs ſogar die zwey einzigen und merkwürdigſten Total-Sonnenfinſterniſſe,

die

Einleitung.

die ſich in dieſem Jahrhundert 1715 und 1724 zugetragen haben, und von den berühmteſten engliſchen und franzöſiſchen Aſtronomen der damahligen Zeit beobachtet wurden, dennoch unberechnet geblieben ſind, bis es Herr *de la Lande* erſt im Jahr 1797 unternahm. Bis zum Jahr 1760 beobachteten die Aſtronomen viele Finſterniſſe, leiteten Reſultate daraus her für Sonnen- und Mondstheorie, aber berechneten darnach nie, oder nur höchſt ſelten, Längenbeſtimmungen. Herr *de la Lande* war der erſte, der im J. 1760 anfing, dieſes löbliche Beyſpiel zu geben, und der dieſe Berechnung nachher ſehr häufig zu wiederhohlen und zu empfehlen pflegte. Seitdem ſind ihm mehrere Aſtronomen gefolgt, und unter dieſen haben ſich die Herren *Méchain*, *Pingré*, *Wurm*, *Triesnecker*, *Bürg*, *Reggio*, *Oriani* vorzüglich verdient gemacht. Zu verwundern iſt es, daſs die Aſtronomen der gröſsten europäiſchen Seemacht gerade hierin am allerwenigſten geleiſtet haben.

Ein zweyter Gegenſtand, welchen ſich die Mitarbeiter der *A. G. E.* zu bearbeiten vorgeſetzt haben, und eine andere Abſicht, welche ſie durch gegenwärtige Blätter zu erreichen ſuchen wollen, iſt, zur *Verbeſſerung des Landkartenweſens* nach Möglichkeit beyzutragen. Wir werden daher nicht nur alle ſeit 1796 erſchienene Karten aller Art anzeigen und ihre Fehler berichtigen, ſondern auch Data, Angaben, Berechnungen, Projectionen, neue Methoden u. ſ. f. zu neuen und zu verbeſſernden Karten liefern, und bisweilen in unſern Heften ſelbſt Entwürfe dazu geben.

[...]

Das Kartenwesen

Der Weimarer Verleger Bertuch hatte auch starke geographische und kartographische Interessen, die sich in Weimar selbst durch die Zusammenarbeit mit dem Geographen A. Ch. Gaspari (1752-1820) und dem Forstmann und Topographen F. L. Güssefeld (1744-1808) zu konkreten Projekten verdichten konnten [1]. Zach hatte etwa zur gleichen Zeit die Seeberg-Sternwarte mitbegründet und sicherlich sein Interesse an allen Fragen der Erdmessung nicht verheimlicht. Wir wissen nicht, von wem der Wunsch zur Zusammenarbeit ausgegangen ist – vielleicht ja von beiden – jedenfalls finden wir 1798 Zach als Herausgeber der bei Bertuch erscheinenden „Allgemeinen Geographischen Ephemeriden" (siehe oben), die sich zu einem wesentlichen Teil der mathematisch-exakten Unterfütterung der Kartographie widmeten. Aus dem Briefwechsel zwischen Zach und Bertuch [42] geht zudem hervor, daß Zach von Bertuch mit der Direktion seines 'Charten-Wesens' beauftragt worden war, also mit der Oberaufsicht über alle bei Bertuch erscheinenden kleineren und größeren kartographischen Produkte. Das blieb auch so, als die beiden sich etwas zerstritten, weil Zach die AGE aufgab und seine eigene MC gründete. Die Oberaufsicht war auch keineswegs eine Sinekure nach Art mancher heutiger Aufsichtsratposten. Seitenlange Briefe Zachs an Güssefeld über eine neue Harzkarte belegen beispielhaft, daß er sich sehr wohl um das Detail kümmerte. In den AGE und in der MC sind Hunderte von Textseiten den Problemen der geographischen Ortsbestimmung und der Rezension von Kartenwerken gewidmet. Auf dem Seeberg lernte Zach selbst Kartographen an, und in seinen Zeitschriften erschienen Dutzende von Einzelkarten der Erde und des Himmels, deren Wiedergabe wir uns bei dem Format der vorliegenden Reihe jedoch größtenteils versagen müssen.

Als sich längere Zeit, nachdem Zach 1804 aus Gotha weggegangen war, dort der Verleger Perthes niederließ, konnte er auf einen Stamm von Experten zurückgreifen, tat dieses jedoch auch nur sehr langsam, so daß erst ab etwa 1820 von einem geographisch-kartographisch ausgerichteten Verlag gesprochen werden kann. Auch sein berühmter „Atlas-Stieler" hatte schon auf dem Seeberg Karten geschaffen. Entgegen lokaler firmengeschichtlicher Tradition sehe ich also Zach und nicht Perthes als den Gothaer kartographischen Gründer-Vater an. Dies ist insofern bedeutend, als die Gothaer Kartographie nach dem Verlöschen der Sternwarte am Ort eigentlich das einzig Überlebende aus der Ära um 1800 geblieben ist.

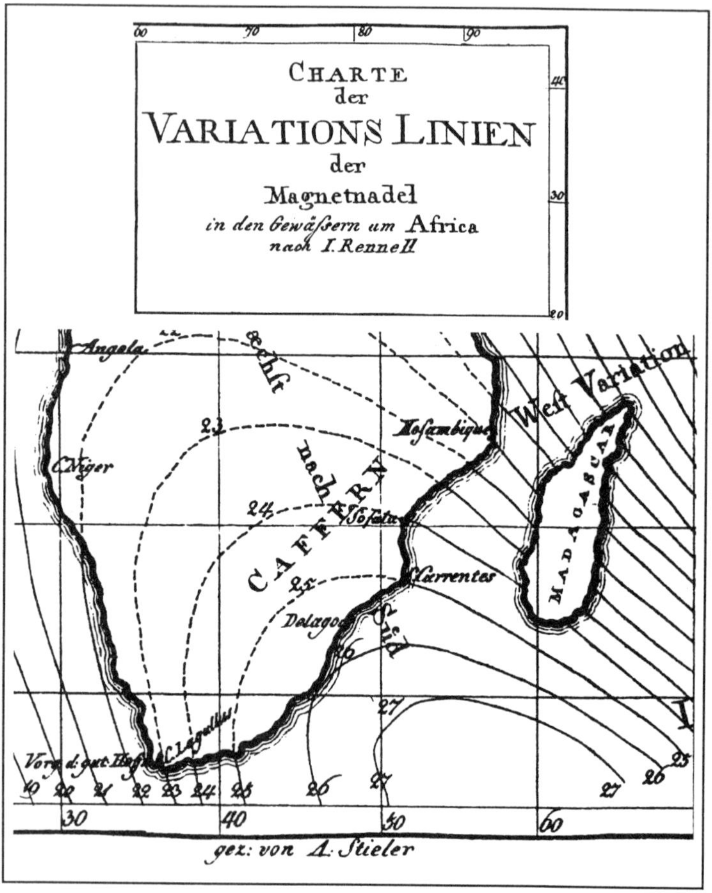

Abb. 11 Dieser Ausschnitt aus einer von Stieler gezeichneten Karte soll auch den geowissenschaftlichen Inhalt von Zachs Zeitschriften andeuten: AGE 4 (1799) nach S. 192; dazu Text S. 187ff.

Lalandes Besuch wirft seine Schatten voraus

Die Freundschaft zwischen dem alten Jerôme de Lalande (1732–1807) und Zach war eines der wichtigsten Bindeglieder zwischen der französichen und der deutschen Astronomie der Zeit. Lalande empfing und förderte Zachs Schüler (Burckhardt (1773–1825) wurde u.a. Direktor der Sternwarte der École militaire in Paris), er kümmerte sich sogar um die Förderung des Deutsch-Unterrichts an höheren Schulen (s. auch AGE 3 (1803) 298). Seine Reise nach Gotha in einer Kriegspause war ihm so wichtig, daß er sie in seiner 'Bibliographie' [31] mit derjenigen von Halley zu Hevel in Danzig verglich. Nach seiner Reise empfahl er französichen Gelehrten ganz generell, seinem Vorbild zu folgen und sich mit den berühmtesten Vertretern ihres Fachs in Deutschland zu treffen (AGE 3 (1799) 518). Die Unternehmung war auch physisch keine Kleinigkeit (auf der Rückreise gabe es beispielsweise bei Saalmünster einen Achsenbruch (AGE 3 (1799) 382). In seiner Begleitung reiste seine angeheiratete Nichte, die Lalande wie sein – adoptierter – Neffe bei seinen Arbeiten assistierte. Sie war in ihrer Jugendlichkeit das gesellschaftliche Zentrum des Kongresses.

Hinter den Kulissen: Zach am 27.5.1798 an Bertuch in Weimar

Quelle: [42]

---

*

Sehen müssen wir uns, und das bald, aber nicht eher als ... bis ich ausgezogen bin; denn stellen Sie sich vor, auf Seeberg wird gebaut; das hat meine Note, der Geiselhieb bewürkt, und weil La Lande kommt, da schämt man sich, und man möchte brilliren; im Junius-St[ück] kommen Ohrfeigen und Balsam, Ribbenstöße und Pflaster Quantum satis vor. Ich muß das ganze Observatorium ausräumen und ich mich in oberen Stock ziehen und unten alles den Bauleuten zur Hauptreparatur preisgeben. Daher mache ich auch eine Reise, da ich ohnehin nicht observiren kann, und im Hause nichts als Staub und Lerm seyn wird.

*

Abb. 12 J.de Lalande (1732-1807); aus AGE 1 (1798) vor S. 377

Und öffentlich: die Anmerkung im Juni-Stück
(AGE I (1798) 674, hier ab 681)
*

CORRESPONDENZ-NACHRICHTEN.

1.

Auszug aus Briefen des Br. La Lande.

Paris, den 6. und 20. April 1798.

[...]

681

Meine Reiſe nach *Gotha* beſchäftiget mich täglich, ich genieſse ſchon in der Einbildung; als ich auf meiner erſten Reiſe nach Deutſchland im J. 1751 nach *Berlin* kam, war ich ein junger Menſch von 19 Jahren, ich ſoupirte mit dem groſsen *Friedrich*, und war, wie billig, nicht wenig ſtolz darauf, aber ich bilde mir jetzt noch mehr darauf ein, einem ſo gelehrten Fürſten, wie Ihr *Herzog* iſt, einem ſo königlichen Beſchützer und Beförderer der Sternkunde, meine Cour zu machen und ihm im Namen aller, auf der ganzen Oberfläche der Erde zerſtreuten Aſtronomen, als ihr Aelteſter (*Doyen*), für den groſsen Schutz zu danken, den er Ihnen und der Aſtronomie angedeihen läſst. Daſs der *Herzog von Gotha* ununterbrochen und ſelbſt in dem Augenblicke Wiſſenſchaften beſchützt, *) wo andere gegen Aufklärung aus Verkehrtheit des

*) Noch in dieſem Frühjahr haben *Sr. Durchlaucht* einen neuen Bau an Ihrer *Seeberger* Sternwarte verordnet, welcher verſchiedene Verbeſſerungen und bequemere Einrichtungen zum Zweck hat. Dieſs wird zwar dieſen Sommer in meinen ſeit 12 Jahren ununterbrochen fortgeſetzten aſtronomiſchen Arbeiten auf einige Wochen einen Stillſtand verurſachen; allein ich denke dieſe Zeit, um ſie nicht in Unthätigkeit hin-

Correſpondenz - Nachrichten.

des Herzens und aus Mangel gründlicher Einſichten eifern, zeigt von ſeinem guten Verſtande und von der Feſtigkeit ſeines Characters, der ſich durch kein dummes Winſeln und Geſchrey über Aufklärung irre machen läſst. Wie freue ich mich, dieſem vortrefflichen Herrn meine Aufwartung und meine Huldigung (*hommage*) zu machen; legen Sie mich ihm, der Herzoginn, und der ganzen herzoglichen Familie zu Füſsen. Der Geiſt des Landgrafen *Wilhelm* IV ſcheint jetzt auf Herzog *Ernſt* von Sachſen zu ruhen....

Ich habe ihr letztes Packet erhalten, nachdem ich ſehnlich darauf gewartet hatte, um die letzte Hand an meine *Bibliographie* zu legen; ich bereite nun alles zum Druck. — *Burckhardt* iſt auf der Sternwarte der Kriegs-Schule; er hat die gerade Aufſteigung vieler *Flamſteediſchen* Sterne beobachtet, die noch nicht berichtiget waren. — *Thulis* in *Marſeille* und *Vidal* in *Mirepoix* haben die untere ☌ der ♀ beobachtet. Sie kennen *Vidal's* Verdienſte; man kann ihn einen privilegirten Aſtronomen nennen. Er iſt ein auſserordentlicher Menſch, der mit dem *Mercur* macht, was er will, und ihn ſieht, wenn er will; ſo hat noch kein Aſtronom dieſen Planeten in ſeiner Gewalt gehabt.

[...]

hinzubringen, auf einer aſtronomiſchen Reiſe nützlich anzuwenden. Mit deſto gröſserem Eifer und Vortheil werde ich nach meiner Rückkehr die Reihe meiner Beobachtungen auf dieſer Sternwarte von neuen fortſetzen können. Im März d. J. wurde die Sternwarte mit einer vortrefflichen neuen aſtronomiſchen **Pendeluhr** mit Zinkſtangen, worin alle Zapfen in gebohrtem Agat laufen, bereichert; ſie wurde nach dem Muſter unſerer Arnoldiſchen Uhr in *Göttingen* von *Klindworth* verfertiget; und Hr. Hofr. *Käſtner* hat eine Nachricht davon in die Götting. gel. Anz. eingerückt. Zu Ende des vorigen Jahres habe ich auf des Herzogs Befehl einen ganzen Kreis von *Troughton* in London beſtellt, da zu jenem, welchen *Ramsden* für die Sternwarte 1786 übernommen hatte, keine Hoffnung mehr iſt. *v. Z.*

Der erste astronomische Kongreß

Diese erste astronomische Konferenz ist in neuerer Zeit mehrfach beschrieben worden [25, 26, 3], hier beschränken wir uns auf die zeitgenössischen Berichte. Auf einen wenig beachteten Umstand soll jedoch noch besonders hingewiesen werden:
Wie aus den Berichten ersichtlich ist, war dieser Astronomen-Kongreß auch die erste internationale Konferenz über das metrische Maßsystem – noch vor dessen gesetzlicher Annahme am 10.12.1799 in Frankreich selbst. Das revolutionäre Frankreich hat also, entgegen Kästners Sicht [AGE 2 (1798) 475f.] immerhin einen Versuch zur Verständigung gemacht. Da dieser offensichtlich mißlang – die deutschen Gelehrten kamen Lalande so gut wie nicht entgegen – löste man die Sache einseitig. Eine nach Lalande [AGE 2 (1798) 172] schon zuvor einberufene Maßkonferenz tagte von September 1798 bis Juli 1799 in Paris [14]. Allerdings hatte man sich Gelehrte aus den Satrapen-Republiken einbestellt, die willfähiger waren. Oder anders gesehen, die nicht von Hause aus gegen alles Französische sein *mußten*. Es lag jedenfalls im französischen Interesse, den ersten Versuch auf dem Seeberg, weil erfolglos, zu vergessen, obwohl die dortige Diskussion doch durchaus ein wissenschaftliches Niveau gehabt hatte und nationale Argumente eher nur im Umfeld auftraten. Für die andere Seite siehe unten zum Bericht der Wiener Zeitung.

Die offizielle Version

Den folgenden Text aus dem physisch kleinen, aber sonst recht bekannten Gothaischen Hofkalender haben wir zunächst als ein Beispiel für Zachs Popularisierungs-Bestrebungen aufgenommen. Er mutete dabei den Lesern schon einiges an Fachwissen zu. Im übrigen scheint es sich um freie Bearbeitungen der entsprechenden Artikel seines Freundes Lalande in dem maßgebenden französischen Jahrbuch, der Connaissance des Temps (damals „Tems“) zu handeln, möglicherweise auch um zeitweilig gemeinsam erarbeitete Texte, die jeder nach seinen wissenschaftlichen Neigungen und politischen Zwängen modifizierte.
Quelle: Gothaischer Hofkalender zum Nutzen und Vergnügen auf das Jahr 1800, S. 21ff., Gotha bei C.W. Ettinger.

*

Geschichte der Astronomie
vom Jahr 1798

In dem Kalender vom vorigen Jahre haben wir unsern Lesern von dem Fortgang einer ungeheuern Arbeit, die man in Frankreich unternommen hat, nehmlich von der Gradmessung, die von Dünkirchen bis Barcellona geht, oder einer Strecke von 9⅔ Graden des Meridians begreift, Nachricht gegeben; jetzt können wir ihnen mit Vergnügen sagen, daß diese große und wichtige Unternehmung endlich beendigt ist.

Schon mitten im Januar fieng der Bürger De Lambre, der seine beschwerlichen Arbeiten mit einem unermüdlichen Eifer betrieb, die Anstalten zur Messung der Basis von Lieursaint bis Melun an, ließ die hölzernen Pyramiden von 70 Fuß Höhe errichten, und nahm die Winkel. Weder Kälte noch Regen hielten ihn zurück. Drey Menschen waren sechs Wochen lang beschäftigt, um sechs bis siebenhundert Bäume[1] vor denen man die Signale nicht sehen konnte, auszuschneiden. Den 17ten April machte er mit der Messung der Basis selbst den Anfang; und bey dieser mühsamen Arbeit gieng er mit so großer Sorgfalt zu Werke, daß, ungeachtet der Beyhülfe von sieben Personen, täglich nicht mehr als 180 Toisen gemessen wurden. Den 3ten Juny war die Messung der ganzen Basis von 3 Lieues oder 6075 Toisen zu Lieursaint vollendet. Den 30then Juny reiste De Lambre nach Perpignan, um die Messung der dortigen Basis zu unternehmen, die den 17ten beendigt wurde. Zu gleicher Zeit brachte der Br. Mechain seine Triangel zwischen Rodez und Carcassone, nachdem er mit Krankheiten, Widerwärtigkeiten und Hindernissen aller Art zu kämpfen gehabt hatte, zu Ende. Den 17ten November kehrten beyde Astronomen nach Paris zurück; vorher aber brachten sie ihre Rechnungen in Ordnung, woraus sich ergab, daß die beyden Standlinien vollkommen zusammen stimmten. So wurde diese höchst wichtige Arbeit, die von den zwey geschicktesten Astronomen Frankreichs im Junius 1792 angefangen worden war, glücklich beendigt, und wir werden die sehnlichst erwarteten Resultate, die sich in Absicht auf die Größe und die

---

1 H: Im Französischen nur 500 bis 600 Bäume.

vielleicht unregelmäßige Gestalt der Erde, daraus ergeben, bald erhalten2.

Die ebenfalls bewundernswürdige Arbeit der Sternen-Bestimmungen, die der Br. La Lande und sein Neffe im Jahr 1789 angefangen haben, ist in diesem Jahre bis auf 47 tausend gediehen. Es fehlen ihnen nur noch 2000 Sterne um ihre Beobachtungen bis zum südlichen Wendekreis zu vollenden; sie werden aber noch zwey Grade darüber hinaus gehen, um sie bis auf 50 tausend zu bringen; und diese Arbeit hoffte der Br. Le Francais de La Lande diesen Winter zu beendigen. Die Kometen sind gegenwärtig der einzige Theil der Astronomie, in dem man wenig vorgerückt ist; doch fangen die Astronomen an, sich mehr mit ihm zu beschäftigen, indem die beyden Astronomen, Oheim und Neffe, ihnen das einzige noch fehlende Hülfsmittel dazu verschaffen, nehmlich Bestimmungen von Sternen in allen Theilen des Himmels. Man wird künftig keinen Kometen beobachten, ohne genöthigt zu seyn, zu dem Sternenverzeichniß der Bürger La Lande seine Zuflucht zu nehmen, und ohne gewiß zu seyn, alles darin zu finden, was man nur verlangen kann.

Man ist diesen beyden Astronomen vielen Dank schuldig, und man muß dem berühmten La Lande Glück wünschen, daß er, am Schluß seiner glänzenden Laufbahn, der Astronomie ein Denkmal errichtet, das dauernder als Erz ist, und seiner außerordentlichen Größe

2 Hier sind einige der vorzüglichsten Resultate: Der ganze in Frankreich gemessene Bogen giebt in Vergleichung mit dem von Peru die Abplattung der Erde 1/334 – eine Bestimmung, die sowohl durch die Versuche mit dem Pendel, als durch die Theorie der Verrückung der Nachtgleichen und der Schwankung der Erdachse bestätigt wird. Mit dieser Abplattung und dem in Frankreich gemessenen Bogen hat man den Quadranten des Meridians 2565370 Modulen (Modules) ferner den Metre = 0,256537 Modulen = 443,291 Linien des französischen Fußes bey 13° Reaumur, oder 443,296 Linien wenn der Metre definitiv auf die Temperatur von 17°6 gesetzt wird, gefunden. Zwanzig Versuche mit dem einfachen Pendel, die in Paris wiederholt wurden, haben die Länge dieses Pendels bey der Temperatur des schmelzenden Eises 0,25490 Modulen = 0,99383 Metres gegeben. Der Module ist das doppelte der von Peru mitgebrachten Toise bey der Temperatur von 12°½ des hunderttheiligen Thermometers. Bey 16°¼ des hundertth. Therm. = 13° Reaum. würde dieser Module um 2/100 Linien kürzer seyn. Diese Rechnungen sind erst im Laufe des Jahres 1799 vollendet worden, und gehören also eigentlich erst in die astronomische Geschichte des folgenden Jahres; um aber den Lesern diese Resultate früher mitteilen zu können, haben wir sie hier in einer Anmerkung beygefügt.

wegen fast für unmöglich gehalten werden könnte. Um den Lesern einen Begrif von der Nützlichkeit dieser Arbeit zu geben, ist es genug zu bemerken, daß er in seiner schmalen Zone von 2 Graden in der Breite und 45° in der Länge dreyßig Sterne der fünften, sechsten und siebenten Größe beobachtet hat, von denen vorher nicht mehr als drey bekannt waren. Man sieht daraus, wie viel uns noch zu einer genauen Kenntnis des gestirnten Himmels fehlte, und wie schlecht wir die Zahl der mit bloßen Augen sichtbaren Sterne kannten.

Für die Theorie der physischen Astronomie ist dieses Jahr ebenfalls ein merkwürdiger Zeitpunkt. Der Br. La Place, dem wir die Erklärung von der Acceleration des Mondes verdanken[3], hat gefunden, daß auch das Apogäum und der Knoten desselben ihre Sekular-Gleichungen haben, und eine große Menge von Beobachtungen haben die Entdeckung bestätigt. Es wäre gut, sie auch durch Beobachtungen des mittleren Zeitalters zu bestätigen, es giebt aber deren nur sehr wenige. Das Manuskript des Arabers Iben Junis, aus dem zehnten Jahrhundert, enthält vortreffliche Beobachtungen. Das Original befindet sich in Leyden, der Br. La Lande aber hat unter den Manuskripten des berühmten Astronomen Joseph de L'Isle eine Kopie davon gefunden. Diese hat der geschickte Orientalist Br. Caussin übersetzt und der Br.Bouvard und der Dr. Burckhardt haben wichtige Resultate daraus gezogen, die man in den allgemeinen geographischen Ephemeriden des Hrn. von Zach im dritten Bande S. 98 findet. Der Br. Caussin hat auch einige Stücken eines arabischen Manuskripts von Ulugh Beigh, die Beauchamp 1788 aus dem Orient gebracht hat, übersetzt, woraus der Dr. Burckhardt nützliche Folgerungen hergeleitet hat[4].

Den 19ten März hat das National-Institut der Wissenschaften und Künste zu Paris, einen Preis auf die Vergleichung von 500 Mondsbeobachtungen mit den Tafeln, zur genauern Bestimmung der 22 Gleichungen, die man zur Berechnung der Mondsbewegung nöthig hat, ausgesetzt. Die Preisaufgabe wird zu Vollendung und Bekanntmachung einer wichtigen Arbeit dienen, die zur Bereini-

---

3H: Diese Erklärung im Rahmen der konservativen Himmelsmechanik ging zu weit: sie deckte den ganzen beobachteten Effekt ab, während wir heute wissen, daß etwa die Hälfte auf Gezeitenreibung zurückzuführen ist [11].

4H: Burckhardt und Ulugh Beigh treten im franz. Text nicht auf.

gung mit der Theorie des Br. La Place die Mondstafeln und die Längen-Rechnung an einen höheren Grad der Genauigkeit bringen wird.
Wenn man bis jetzt bei den Längenbestimmungen zur See aus Schuld der Tafeln noch Fehler von 7 Meilen (Lieues) machen konnte, so wird dieser bald bis auf 2 oder 3 Meilen eingeschränkt seyn.
Der Br. Messier, der fleißig fortfährt, Kometen zu suchen, hat den 17ten April einen in der Gegend der Plejaden entdeckt; er war klein und ohne Schweif, aber ziemlich hell; doch konnte man ihn nicht mit bloßen Augen sehen. Das ist der ein und zwanzigste, den Messier seit 1758 entdeckt, und der ein und vierzigste, den er beobachtet hat. Die Zahl der bekannten Kometen steigt gegenwärtig auf 88. Der Dr. Olbers in Bremen hat ihn auch beobachtet und seine Bahn nach seiner Methode berechnet; dasselbe hat der Dr. Burckhardt nach eben dieser sinnreichen und leichten Methode gethan, und seine Rechnung in zwey Tagen vollendet, welches außerordentlich ist. Dieser Komet war ungefähr so weit von uns als die Sonne, und seine Entfernung hat sich einen ganzen Monat hindurch wenig geändert. Den 21ten May war er nicht mehr zu sehen. Der Br. Bouvard hat ihn auf der National-Sternwarte beobachtet, und diese Beobachtungen haben gleichfalls zu Bestimmung seiner Bahn beygetragen.
Den 6ten December Abends hat der Br. Bouvard einen kleinen Kometen im Herkules entdeckt. Dieß ist der neun und achtzigste. Der Dr. Olbers sah ihn ebenfalls den 8ten Dec. Er wurde bis zum 21ten beobachtet, wo er im Wassermann verschwand; er machte täglich 18 Grad, obgleich er nur 3 Tage sichtbar war. Der Dr. Olbers und Burckhardt haben seine Bahn und seine Conjunction mit der Sonne sehr gut berechnet.[5]
Den 18ten Januar hat der Br. D'Angos zu Tarbes einen Kometen wie einen schwarzen Flecken vor der Sonne vorbey gehen sehen. Diese neue und sonderbare Beobachtung wird nützlich seyn können, wenn wir eine größere Anzahl von Kometen kennen werden; bis jetzt aber ist uns der Lauf von dem, den D'Angos hier gesehen

5H: Eine Beschreibung öffentlicher Beobachtungen unter Teilnahme Bonapartes hat Zach weggelassen.

haben will, gänzlich unbekannt. Hr. Legationsrath Lichtenberg in Gotha behauptet etwas ähnliches im Jahr 1762 den 19ten November gesehen zu haben6; er sah nehmlich mit bloßen Augen einen ungeheuren Körper, dessen Durchmesser er auf 1/12 von dem Durchmesser der Sonne schätzte, eine Sehne von 70° der Sonnenscheibe mit einer unerhörten Schnelligkeit in 3 Stunden durchlaufen.

Man sieht leicht, daß dergleichen Beobachtungen nur mit großer Vorsicht und Behutsamkeit aufzunehmen sind, besonders aber muß man sich hüten, sogleich darüber abzusprechen; es ist nothwendig, daß man erst eine größere Anzahl solcher außerordentlichen Beobachtungen, die etwas genauer bestimmt sind, sammle, bevor man einige Schlüsse darüber wagen darf. Gegen alles Wunderbare muß man immer etwas mißtrauisch seyn.

Eine wichtige und berühmte Reise hat der Astronomie und Geographie neue Aussichten eröffnet. Den 16ten März verlangte die französiche Regierung, daß ihr einige Astronomen zu einer geheimen Expedition ausgewählt und sie mit den nöthigen Instrumenten versehen werden sollten. Man erfuhr bald, daß der berühmte General Bonaparte an der Spitze dieser Unternehmung stände. Der Br. La Lande hat die Br. Nouet, Quenot und Mechain den Sohn vorgeschlagen: diese sind den 24ten April von Paris abgereist, und haben sich den 10ten May in Toulon eingeschift. Den 2ten Julius sind sie in Egypten gelandet. La Lande hat an alle Astronomen Europas geschrieben, und sie aufgefordert, durch correspondirende Beobachtungen7 die Bemühungen jener Astronomen zu unterstützen. Da man oft gesagt hat, daß das mitteländische und das rothe Meer in ihrer Höhe (Niveau) von einander sehr verschieden wären, so hat er den Reisenden empfohlen auf diesen Umstand zu achten. Eben so hat er nach Spanien geschrieben, um über die Höhe der Südsee und des mexikanischen Meerbusens an der Erdenge von Panama, zwischen welchen eine ähnliche Verschiedenheit statt finden soll, Auskunft zu erhalten.

6H: Siehe dazu Brosche, 2. Lichtenberg-Gespräch in Ober-Ramstadt 1977, Verein für Heimatgeschichte, Ober-Ramstadt 1982, S. 59.

7H: Aus Beobachtungen desselben Himmelsphänomens von verschiedenen Erdorten aus ist es möglich, den Unterschied der geographischen *Längen* zu bestimmen.

Die Sternwarte zu Gotha ist die schönste und am besten ausgerüstete, die es in Deutschland giebt. La Lande wünschte schon lange, dieses Denkmal der Astronomie, das einzige, das ihm zu sehen noch übrig war, zu besuchen und kennen zu lernen, so wie Halley, der im Jahre 1679 von England nach Danzig gieng, um die Sternwarte des berühmten Hevelius zu sehen, sich von der Genauigkeit seiner Beobachtungen zu überzeugen, und Verabredungen mit ihm zu treffen. Er sah, daß Hr. von Zach den Polarstern bis auf eine Sekunde beobachten kann, da man sonst bey diesem Stern bis auf hundert Sekunden[8] ungewiß war. Mehrere Astronomen Deutschlands, die von dieser Reise unterrichtet waren, kamen auch nach Gotha, namentlich die Hrn. Klügel, Gilbert und Pistor von Halle, Bode von Berlin, Köhler und Seyffert von Dresden, Schaubach von Meiningen, Feer von Zürich, Seyffer von Göttingen, Wurm von Würtemberg. Diese nützliche Zusammenkunft hätte noch zahlreicher seyn sollen, aber verschiedene Astronomen konnten keinen Urlaub erhalten, um Theil daran zu nehmen[9]. Dagegen hat der König von Preußen den Gehalt seines Astronomen bey dieser Gelegenheit mit 300 Reichsthalern vermehrt, so wie der Herzog von Würtemberg Hrn. Wurm 200 Reichsthaler zur Reise geschenkt hat. Eine englische Zeitung warnte den Herzog von Gotha und äußerte, daß ein französischer Astronom sich wohl mit andern Revolutionen, als den Revolutionen der Gestirne beschäftigen möchte, aber diese Warnung hat die gute Aufnahme, die man diesem berühmten Astronomen in Gotha wiederfahren ließ, im geringsten nicht vermindert. Die versammelten Astronomen haben sich über manche Punkte verabredet, und sind mit der Ueberzeugung von der Nutzbarkeit solcher Zusammenkünfte, und mit dem Vorsatz sie sobald als möglich zu erneuern, von einander geschieden.
La Lande hat auf seiner Reise nach Gotha im Vorbeygehen, die Mannheimer Sternwarte besucht, die er schon im Jahr 1791 gesehen hatte, aber er fand die Instrumente eingepackt und in Gewolben, die kaum vor den Bomben sicher waren, auf den Frieden harren, ohne den keine Wissenschaft und kein Glück ist.

8H: Wegen der Konvergenz der Meridiane entspricht ein kleiner Fehler im Bogenmaß in Polnähe einem großen Unterschied in Rektaszension (i.e., der himmlischen Längenzählung).

9H: Nicht in der franz. Version.

La Lande der immer thätig ist, wenn es auf Beförderung der Wissenschaften ankommt, hat den General Bonaparte ersucht, der National-Sternwarte zu einem guten Instrumente behülflich zu seyn. Den 19ten März bewilligte ihm die Regierung 10000 Franken, um den achthalbfüßigen Mauerquadranten von den Br. Le Monnier zu kaufen. Seit langer Zeit haben die Astronomen in Paris um gute Instrumente für das große Observatorium nachgesucht, dessen Erbauung auf eine Million geschätzt wird, ohne den Grund und die Keller zu rechnen, die 80 Fuß tief gehen. Als Cassini Direktor desselben war, erhielt er von dem Minister Breteuil die nöthigen Anweisungen dazu er hatte aber nicht Zeit Gebrauch davon zu machen. Als La Lande 1795 Direktor wurde, erneuerte er seine Bitten, und es gelang ihm endlich ein Instrument zu erhalten, das einer so schönen Anstalt würdig ist.
Das National-Institut von Frankreich hat den Preis, den es auf die besten Seeuhren zur Bestimmung der Meereslänge gesetzt hatte, zwey Chronometern des Br. Louis Berthoud, deren Gang La Lande und Messier sechs Monate lang beobachtet haben, zuerkannt. La Lande hat einen davon nach Gotha gebracht, und hatte die Befriedigung zu sehen, daß eine Fahrt von 200 Meilen zu Wagen seinen Gang nicht um eine Sekunde den Tag verändert hatte. Die neue Preisaufgabe betrift die Theorie des Kometen von 1770 die schon die Akademie 1792 aufgegeben hatte, und die Austheilung des Preises ist auf zwey Jahre hin ausgesetzt. Für diesen Kometen hatten die Rechnungen bis jetzt nur eine Bahn von fünf Jahren gegeben, und eine so kurze Umlaufszeit ist unwahrscheinlich.
In diesem Jahre ist der erste Band der Abhandlungen des Instituts für das vierte Jahr erschienen, der verschiedene astronomische Aufsätze von La Place, La Lande und Flaugergues enthält. Das Bureau der Längen hat zwey Bände von der Connaissance des temps für die Jahre 8 und 9 herausgegeben[10], in denen eine Menge wichtiger Sachen enthalten sind. La Lande ist Redacteur der Zusätze.

10H: Jahreszählung des französischen Revolutions-Kalenders (Anfang des Jahres 1 = Herbstäquinoktium 1792 des gregorianischen Kalenders), siehe auch Wolf [43] § 310

Der Schiffslieutenant Maingon hat eine merkwürdige Abhandlung nebst einer großen trigonometrischen Karte herausgegeben, die dazu diente, den scheinbaren Abstand des Mondes von der Sonne oder einem Stern, in den wahren verwandeln, und andere Aufgaben der Schiffahrtskunde aufzulösen. Diese sinnreiche und zur See äußerst brauchbare Karte, ist auf Befehl des Ministers gestochen worden. Sie vertritt die Stelle der großen englischen Karten von Margetts, und giebt den Schiffern ein Mittel in die Hand, sich Rechnungen zu ersparen und dafür den Zirkel zu gebrauchen.
Die allgemeinen geographischen Ephemeriden des Hrn. von Zach, womit in diesem Jahr der Anfang gemacht worden ist, sind ein sehr nützliches Werk, da man in jedem Monatsstücke interessante Aufsätze, Rezensionen von Büchern und Karten, Nachrichten von neuen Reisen, geographischen Blättern, das Bildniß eines berühmten Astronomen oder Geographen, kurz alles findet, was den Astronomen, Geographen und Seemann interessieren kann. Ein ausgebreiteter Briefwechsel mit Gelehrten in allen Ländern Europens, setzt den Herausgeber in den Stand, die entferntesten Gelehrten in Verbindung zu bringen. Die einzige Unbequemlichkeit ist, daß die deutsche Sprache im Auslande noch nicht geläufig genug ist; doch haben schon verschiedene Astronomen angefangen sie zu lernen; und in der That können sie schwerlich eine Sprache entbehren, die an wissenschaftlichen Werken von Wichtigkeit fruchtbarer als irgend eine andere ist. La Lande giebt sich viele Mühe es dahin zu bringen, daß beym Collége de France ein Lehrer der deutschen Sprache angestellt werde, weil er von der Wichtigkeit dieser Sprache für alle Theile des Unterrichts überzeugt ist. Die Astronomie und Geographie hatten kein Journal, und es war auch nicht zu hoffen, daß sie eines erhalten würden, nachdem Adelbuhlner, Bernoulli, Zimmermann es ohne Erfolg versucht hatten; aber der starke Absatz der geographischen Ephemeriden sichert die Fortsetzung dieses nützlichen Instituts. Bode gab in diesem Jahr vier neue Karten von seinem großen Himmelsatlas heraus, von dem nun 8 Blätter erschienen waren. Diese für die Astronomen unschätzbare Sammlung wird aus 20 Blättern bestehen und 17tausend Sterne enthalten. Er hat 3000 von la Caille berechnet, und 2000 selbst beobachtet, um die leeren Stellen auszufüllen. Der Br. le Francais de la Lande hat ihm die übrigen verschafft. Man

wird 2000 Nebelsterne von Herschel, und 5 bis 6hundert Doppelsterne von eben diesen berühmten Astronomen darauf finden. Die im August 1797[11] auf Seebergen versammelten Astronomen haben zwey neue Sternbilder gemacht: die Buchdruckpresse, und Montgolfiers Luftballon; La Lande hat noch das Gestirn der Katze hinzugefügt. Bode hat auch einen neuen Band seines astronomischen Jahrbuchs für 1801 herausgegeben, der viele astronomische Beobachtungen und Aufsätze von deutschen, französischen und englischen Astronomen enthält. Es ist ein Repertorium, das die Astronomen nicht entbehren können.

Die Mayländischen Ephemeriden für 1798 enthalten die Fortsetzung einer großen Arbeit von Oriani, über die Art die Elemente der Merkurstafeln zu verbessern, und viele treffliche Beobachtungen der Hrn. Reggio und Cesaris.

Die Bononischen Ephemeriden sind auf 12 Jahre im voraus erschienen, von 1799 bis 1810, der Herausgeber ist Matteucci, und seyne Gehülfen Alamanni, Guglielmini, Sacchetti und Canterzani der Sohn. Seit dem Anfange dieses Jahrhunderts hatte die Akademie der Wissenschaften zu Paris ihre Ephemeriden 10 Jahr im voraus herausgegeben. Die letzten Bände sind von Desplaces, La Caille und La Lande; der letzte endigte mit 1800. Die Stockungen im Handel machten, daß sich kein Verleger für die Fortsetzung fand, und so hat La Lande sie aufgegeben.

Hr. Martonfi in Siebenbürgen hat eine Beschreibung der Sternwarte, die der Bischof Batthyany zu Carlsburg hat erbauen lassen, herausgegeben. Der Bischof hat ein Capital von 30000 Gulden zur Unterhaltung dieser Anstalt vermacht.

Hr. Triesnecker hat in den geographischen Ephemeriden des Hrn. von Zach eine wichtige Arbeit bekannt gemacht; er hat nemlich aus Sonnenfinsternissen und Sternenbedeckungen die Länge von mehr als 150 Oertern berechnet, und man weiß, was dieß für eine langwierige und mähsame Arbeit ist; noch kein Astronom hat so etwas gethan, und seine Rechnungen verdienen Achtung.

Endlich hat auch der Astronom zu Oxford Hr. Hornsby den ersten Band der lange erwarteten Bradleyischen Beobachtungen herausgegeben. Er enthält die Beobachtungen, die Bradley von 1750 bis

---

[11] H: Richtig 1798

1762 auf der Sternwarte zu Greenwich gemacht hat. Hoffentlich wird diese wichtige Sammlung fortgesetzt werden. Die schlechte Gesundheit des Herausgebers war an der langen Verzögerung Schuld[12].

Mendoza, ein spanischer Seeoffizier, hat in London Untersuchungen über die Auflösung der vornehmsten Aufgaben der nautischen Astronomie, nebst Tafeln der Queersinus[13] von 10 zu 10 Sekunden, und andern Hülfstafeln drucken lassen, wodurch die Verwandlung der scheinbaren Abstände des Monds von der Sonne und den Sternen in wahre auf eine bloße Addition von fünf Queersinus gebracht ist.

Hr. Oberamtmann Schröter in Lilienthal hat den zweyten seiner astronomischen Beyträge, worin eine Menge wichtiger Beobachtungen befindlich sind, herausgegeben. Man findet darin unter andern die scheinbaren Durchmesser der Jupiterstrabanten, nach einer neuen und sehr scharfsinnigen Methode bestimmt.

Hr. Schubert in Petersburg hat ein großes Werk über die Astronomie in drey Quartbänden und in deutscher Sprache geschrieben; er entwickelt darin die Methoden von La Place für die Aufgabe von drey Körpern, und hat die Astronomie mit neuen Rechnungen und Untersuchungen bereichert.

La Lande hat eine neue Ausgabe von Rivards[14] Sphäre und Kalender, einem seit 50 Jahren in Frankreich sehr beliebten Lehrbuch, besorgt. Er hat den republikanischen Kalender hinzugefügt und sich dabey gegen die gewöhnliche Einschaltungs-Methode erklärt.

Der Br. Francois de Neufschateau bezeichnete seinen ersten Eintritt in das Ministerium auf eine rühmliche Weise durch die Verordnung zu dem Druck der astronomischen Bibliographie von La Lande[15]. Dieser hat von seiner Reise durch Deutschland eine große Menge von Beyträgen zu diesem Werke, die ihm die Hrn. Scheibel, von Zach, Gilbert, Kästner verschafften, mitgebracht. Überhaupt ist

12H: Nicht in der französischen Version, jedoch ein Thema, das Zach seit seinen jungen Jahren in England sehr am Herzen lag.

13H: Franz. "sinus verses", der Quersinus oder sinus versus eines Winkels a ist gleich 1 - cos a.

14H: Im franz. Text Riverd.

15H: [31]

es nicht möglich, daß eine Bibliographie, ohne die Vereinigung vieler Personen in verschiedenen Ländern, vollständig werde.
Der Br. Vidal in Mirepoix hat eine große Anzahl von Merkursbeobachtungen geliefert, die ebenso schätzbar, als außerordentlich sind. Vor ihm hat man wenig dergleichen Beobachtungen, weil sie schwer zu machen sind; aber die Schönheit des Klimas, die Vollkommenheit seines Instruments und die Vortrefflichkeit seiner Augen haben uns nun von dem Merkur eben so zahlreiche Beobachtungen, als von den andern Planeten verschaft. Manche darunter sind zum Erstaunen, er sieht den Merkur bis auf drey Viertelgrade von der Sonne.
Die Sternwarte zu Amsterdam, die der Societät Felix Meritis gehört, ist dem Hrn. van Beek Calckoen anvertraut worden, der sich eine Zeitlang auf Seeberg bey Hrn. von Zach geübt hat. Er fängt jetzt eine Reihe von Beobachtungen an, die in einem Lande, wo es noch so sehr daran fehlt, von großem Nutzen seyn wird. Billig hätte die Regierung schon längst ihr Augenmerk auf einen Gegenstand, der für die Schiffahrt von so ausnehmender Wichtigkeit ist, richten sollen. Vergebens war La Lande 1774 nach Holland gegangen, um die Unterstützung des Erbstatthalters und des Großpensionärs auszuwirken, sie versprachen alles und thaten nichts.
Der Astronom zu Palermo, Hr. Piazzi macht zu einer Gradmessung in Sicilien Anstalt. Man arbeitete[?] schon an den Instrumenten, aber der Krieg und die Unruhen in Neapel scheinen dieser schönen Unternehmung Hindernisse in den Weg zu legen, und man hört nichts mehr davon sprechen.
Die Ausmessung der Insel Corsika, die man schon vor 30 Jahren angefangen hatte, ist jetzt beendigt worden. Die großen Triangel sind von dem Br. Tranchot aufgenommen, und die kleineren Vermessungen durch eine Menge Gehülfen verrichtet worden. Der Finanzminister hat dem Br. La Lande aufgetragen die Arbeit zu prüfen, und dieser geschickte Astronom sahe bald, daß sie mit einer Genauigkeit gamacht war, die es verdient, daß sie bey ähnlichen Vermessungen zum Muster genommen werde.
Der Br. Perny, der seit 1795 in den Niederlanden mit Triangel-Vermessungen beschäftigt war, ist nach der batavischen Republik gereist, wo er schon verschiedene große Triangel aufgenommen hat, und man wird ihm dasjenige geben, was er zur Fortsetzung

dieser Arbeit nöthig hat, die vorzüglich in einem Lande nützlich ist, wo seit Snellius und Cassini III. nichts der Art geschehen ist.
Den 24then Januar trug das National-Institut bey dem Direktorium darauf an, daß man die auswärtigen Mächte ersuchen möchte, Gelehrte nach Frankreich zu schicken, die zur Errichtung des neuen Maaß-Systems mitwirken und daran Theil nehmen könnten. Dieß geschah, und es kamen folgende elf Gelehrte nach Paris: Gabriel Ciscar und Aug. Pedrayes aus Spanien; Bugge aus Dänemark; van Swinden und Aeneä von der batavischen Republik; Fabroni16 aus Toscana; der Graf Balbo Minister zu Paris, aus Sardinien [;] Mascheroni von der cisalpinischen Republik; Moltedo von der ligurischen Republik; Tralles aus der Schweiz, und Franchini von der römischen Republik.
Den 23ten Junius hat das gesetzgebende Corps in Frankreich eine Verordnung gegeben, wodurch dem Bureau der Längen, aufgetragen wird, den ächten Maaßstab des Metre aufzubewahren, der künftig zur Richtschnur für alle andern Maaße dienen soll, um einer ähnlichen Verwirrung, als zeither in den Maaßen aller Länder geherrscht hat, vorzubeugen.
Die Astronomie hat alle Jahre ihren Verlust zu erleiden, sie braucht also auch wieder Ersatz; aber ihre Laufbahn ist beschwerlich, und nicht einträglich, das ist genug um den Mangel an Astronomen und die geringe Anzahl der Liebhaber dieser Wissenschaft zu erklären.
Den[.] October starb zu Königsberg in Preußen Gotthilf Christian Reccard, Doctor der Theologie, Consistorialrath und Professor bey der Universität, der verschiedene astronomische Beobachtungen gemacht und herausgegeben hat. Er war zu Wernigerode den 13. März 1735 gebohren17.
Den 29ten März starb Bertrand Augustin Carrouge, ein verdienstvoller Astronom. Er war zu Dol den 8ten October 1741 gebohren. Er hat in seinem Leben viele Rechnungen gemacht und mehrere Abhandlungen für die Connaissance des temps geschrieben. Einige Tage vor seinem Tod schickte er an La Lande Tafeln, zur Berechnung der Mondsphasen, die besser als die sind, welche sich in den

16H: Im franz. Text Fabbroni

17H: Dieser Kurznekrolog - wohl weil für einen Deutschen - ist viel ausführlicher als bei Lalande.

Lehrbüchern der Schiffahrtskunst von Bouguer und La Caille befinden. Sie sind in die Connaiss. des temps für 1801 aufgenommen. Er war sehr arm, als er Generaladministrator der Posten wurde - eine Stelle, die ihm der Director Reveilliere18 Lepaux aus Achtung für seine Verdienste verschaffte - Dieß hinderte ihn aber nicht, sich mit der Astronomie zu beschäftigen. Es ist selten, daß Talente zu Beförderungen führen; das geschieht nur da, wo die Macht sich mit Einsicht verbindet. - Den 15ten Jun. starb Alexis Jean Pierre Paucton, gebohren in der Nähe von Lussan den 10. Febr. 1732. Er ist durch seine Metrologie eine ungeheure Sammlung von Maaßen aller Länder, die 1780 herauskam, bekannt. Er war dann beschäftigt, diese ungeheure Menge von Maaßen auf Decimalmaaß zurückzuführen, als die Ökonomie der französischen Regierung seinen Gehalt einziehen ließ, und ihn ins Elend, zur Verzweiflung und zum Tode brachte19.

Beauchamp hat seinen Bruder, der ihn auf seiner arabischen Reise begleitete, und seinen Zögling Hyacinthe Receveur der einen Eifer und alle Anlagen zur Astronomie zeigte, die man nur wünschen konnte, verloren. Dieser Verlust, der für die Astronomie sehr groß ist, schmerzte Beauchamp außerordentlich und erregte in ihm einen Widerwillen gegen diese Reise; der Minister befahl ihm daher sich mit Bonaparte und den mit ihm nach Egypten gegangenen Gelehrten zu vereinigen; hier wird er gewiß zu dem glücklichen Erfolg dieser wichtigen Expedition für die Astronomie und Geographie das Seinige beytragen. Den 14ten November starb Jean Francois Callet gebohren zu Versailles den 25ten Oct. 1744. Er bildete ausgezeichnete Schüler für die Ingenieur-Schule, wo die Prüfungen sehr strenge und die Aufnahme schwer war. 1779 erhielt er den Preis, den die Gesellschaft der Künste zu Genf über die Stoßwerke ausgesetzt hatte. 1783 beendigte er seine Ausgabe der logarithmischen Tafeln von Gardiner, die sehr bequem, brauchbar und genau ist. 1788 wurde er Professor der Hydrographie zu Vannes, hernach zu Dünkirchen; 1792 kam er nach Paris zurück, und war vier Jahre lang Professor an dem Institut der Ingenieurs-Geographes; als diese Stelle eingezogen wurde, beschäftigte er sich mit

18H: Im franz. Text Revelliere

19H: Im franz. Text viel dezenter: man wird sich um die Witwe und Kinder bemühen.

Vorlesungen, und ward immer für einen der besten Lehrer der Mathematik geachtet. 1793 gab er die neue stereotypische Ausgabe der logarithmischen Tafeln heraus, die beträchtlich vermehrt ist, und die Sinustafeln für die neue Decimal-Eintheilung des Quadranten enthält; dies sind die ersten der Art, die öffentlich erschienen sind. Gegen das Ende des Jahres 1797 legte er dem National-Institut die Idee zu einem neuen Telegraphen und einer telegraphischen Sprache, nebst einem Wörterbuch von 12000 französischen Wörtern vor, die alle durch eine sinnreiche und eines so geschickten Mathematikers würdige Verbindung ausgedrückt waren. Diese Arbeiten hatten seine Gesundheit zerrüttet, er war seit langer Zeit engbrüstig; aber trotz seines mißlichen Zustandes gab er doch noch in diesem Jahr eine sehr gute Abhandlung über die Meereslängen heraus. Eine Familien-Sage zufolge stammte er aus der Familie des Descartes her; La Lande konnte zwar diese Genealogie nie ausfindig machen, indessen ist es zum Ruhme Callets genug, einem so berühmten Namen Ehre gemacht zu haben.

*

Der sicherlich 1798 (aber wann in diesem Jahr?) gedruckte Gothaische Hofkalender für 1799 enthält am Ende außerhalb des regulären Teils den Französischen Kalender auf das Jahr 1799; die neuen Maße haben noch keinen Eingang gefunden.

Das Presse-Echo

GAZETTE NATIONALE ou LE MONITEUR UNIVERSEL No 270 Décadi, 30 prairial l'an 6 de la République Francaise, une et indivisible [= 18.6.1798]

[p. 1083]

-- Le citoyen Lalande a obtenu du gouvernement un passeport illimité, pour aller faire en Allemagne des observations astronomiques.

No. 153
Mit Hochfürstlich gnädigster Erlaubniß
Bamberger Zeitung
Samstag, den 28. July 1798
[S. 616]

Manheim, 24. July.
Heute kam der berühmte Franz. Astronom B. la Lante [!] von [!] seiner Reise, die er nach Gotha unternommen hat, um den Astronomen Zack [!] zu besuchen, hier an, und setzte, da er seine MittagsMahlzeit auf der Churfürstl. Sternwarte eingenommen, seine Reise über Worms, Maynz und Frankfurt fort.
(Der Verfasser der Morinng Chronikl [!]; ersuchte da er die Reise des B. la Lante nach Gotha ankündigte, den Herzog von Sachsen Gotha, sich vor diesem AstronomenCongreß in acht zu nehmen; der B. la Lante möchte wohl die Absicht haben, in der deutschen HimmelsSphäre eine Revol. zu bewirken.)

Num. 121.
Privilegirte Gothaische Zeitung
Auf das Jahr 1798
31te Woche, Dienstags den 31. Julii.

Gotha, vom 30. Jul.
Gestern ist der berühmte französische Astronom, Bürger la Lande, begleitet von seiner Nichte, welche sich durch ihre Kenntnisse in der Astronomie bereits Achtung erworben hat, hier angekommen.

Mit K.K. allergnädigster Freiheit.
Wiener Zeitung
Sonnabend, den 25. August 1798
Inländische Begebenheiten
[S. 2585f.]

Bey dem Astronomischen Congresse auf der Sachsen Gothaischen Sternwarte zu Seeburg [!], wo der Französische Astronom Lalande, von seinem Directorium nach Deutschland geschickt, bey dem Direct. Herrn Zach, bereits angekommen ist, soll mit einigen der vorzüglichsten Deutschen Mathematiker über die Art und Mittel das neue Französische Maß, den Zehnmillionsten Theil des Quadranten, als Einheit allgemein einzuführen, unterhandelt werden. Es sind unter andern dazu berufen und von ihren Regierungen abgeschickt: Herr Bode, aus Berlin; Professor Seyffer aus Göttingen; Professor Klügel, aus Halle; Herr Pöbler, aus Dresden; von Hahn, aus Meklenburg etc.

Wenn diese und noch einige andere Mathematiker, die man erwartet, übereingekommen seyn werden, so soll alsdann erst von dem Directorium der Französischen Republik der Vorschlag an alle neutralen und mit der Republik in Frieden lebenden Regierungen gemacht werden.

*

Zunächst: Zach hat selbst in einer Anmerkung zu einem Brief von Kästner [AGE 2 (1798) 476] die Zeitungen zitiert, dabei genauer „Londner Morning Chronicle" - allerdings ohne Datum, diese Quelle ist noch zu finden! Sodann: aus Dresden kamen Köhler und Seyffert; von Hahn kam nicht.

Ob die teilnehmenden Gelehrten hinsichtlich der Frage von Einheiten (besonders des Meters) autorisierte Bevollmächtigte ihrer Staaten waren, wie die Wiener Zeitung glaubt, muß dahingestellt bleiben. Falls die Nachricht von Zach inspiriert war, hat er entweder dem Kongreß einen zusätzlichen Glanz verleihen wollen – oder später wollte sich niemand mehr daran erinnern, den Franzosen potentiell entgegengekommen zu sein.

Ein Bericht von den Verhandlungen der Astronomen auf dem Seeberg im allgem. litt. Anzeiger 1798, No. CL XVII, S. 1716 war aus der Allgemeinen Zeitung vom 14.9.1798 entlehnt worden, aber die Leser wollten von einem Augenzeugen „darüber belehrt" werden.

Daher erschien im ersteren Organ ein minimal modifizierter Nachdruck des Berichts von Bode in seinem BAJ (für 1801, 1798; S. 235ff.) „Ueber meine Reise nach Gotha, im Jahre 1798". In ihm nennt er die verschiedenen Versuche von Lalande, die neuen Einheiten und das Dezimalsystem nach französischem Vorbild einzuführen, die aber von den Versammelten teils zurückgewiesen, teils in einem Kompromiß verwandelt wurden: die neuen Maße sollten *auch* angegeben werden.

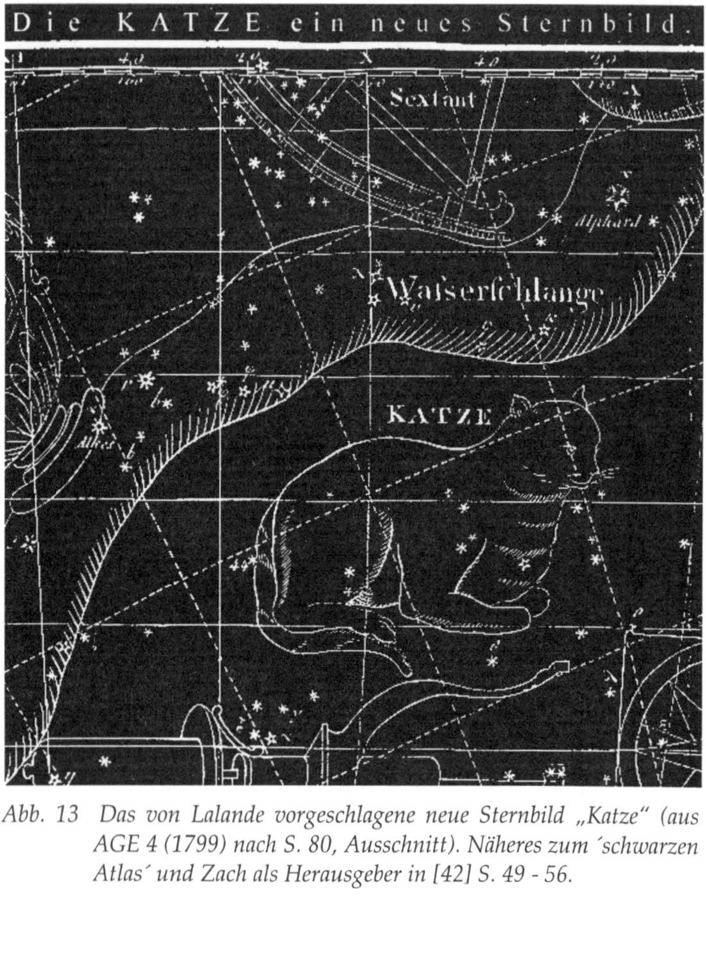

Abb. 13 Das von Lalande vorgeschlagene neue Sternbild „Katze" (aus AGE 4 (1799) nach S. 80, Ausschnitt). Näheres zum ´schwarzen Atlas´ und Zach als Herausgeber in [42] S. 49 - 56.

Im Brief

[Auszug aus einem Brief, der in [6] vollständig veröffentlicht wurde.]

Sr Hochwohlgebohrn Herrn Professor von Schedius in Pest
Sternwarte Seeberg bey Gotha den 26. Jan. 1799

Wohlgebohrner
Hochzuverehrender Herr Professor.

Was werden Sie, Hochgeschäzter Herr Landsmann, von mir dencken, dass ich auf zwey[20] Ihrer freundschaftlichen, so zuvorkommenden, Briefen die mich mit innigster Freude erfüllt haben, erst so spät antworte? Werden Sie dies leztere glauben, dass mir Ihre Zuschriften so erfreulich, so angenehm, so höchst schätzbar waren? Sie werden, indem Sie diese wenige Zeilen lesen, schon bey sich selbst gedacht haben, dass mein Bertragen, mein langes Stillschweigen diesen Aeusserungen ofenbar wiederspreche; vielleicht haben Sie schon gar auf mich gezürnt, dass ich nicht einamahl die allgewöhnliche Anständigkeit, und die jedermann Schuldige Höflichkeits-Bezeugung beobachtet habe, und Ihnen auch nur durche eine Sylbe den richtigen Empfang Ihrer verbindlichen Briefe gemeldet habe: allein ebendeswegen weil ich Ihnen nicht eine Sylbe, sondern viel sehr viel schreiben wollte ... Doch hören Sie meine ganze Geschichte an, ich muß mich bey Ihnen Verehrungswürdigster Landsmann weissbrennen, es liegt mir zu viel darann, Sie wieder gut zu machen, im Falle Sie über mich, und meine Ungezogenheiten ungehalten Seyn Sollten! Ich muss von Adam und Eva anfangen!
Da Sie Hochgeehrtester Herr Professor ein fleißiger und theilnehmender Leser meiner A.G.E. sind, so ist Ihnen bekannt, daß ich mit Ende May 1798 einen neuen Bau auf meiner

20H: Es muß sich um den in diesem Brief erwähnten (jedoch nicht in den AGE abgedruckten) Brief vom 7.6.1798 und den in den AGE 3, 107 (1799) gedruckten Brief vom 16.11.1798 handeln.

Sternwarte vorgenommen[21] hatte, ich mußte alle meine Instrumente auseinander nehmen lassen; da ich diese Zeit nicht müßig hinbringen wollte, unternahm ich eine astronomische Reise ins Osterland[22], ins Altenburgische, und nach Leipzig. In dieser Zeit erhielt ich Ihr und Hrn. v. Lipszky's Schreiben vom 7ten Junius als ich in Ronneburg war, ich verschob daher die Antwort bis ich nach Gotha kommen würde. Als ich da ankam, fand ich Briefe[23] von meinem *innigst geliebtesten Freund, und Gros Papa aller Astronomen La Lande,* in welchen er mir meldete, daß er seine Reise nach Gotha schon angetretten habe, früher als ich erwartete. Ich mußte also über Hals und Kopf eilen, alle meine Instrumente wieder aufzustellen, zu rectificiren und in Ordnung zu bringen, tag und Nacht wurde darann gearbeitet, da war an keine Correspondenz zu dencken, mit Mühe und Noth konnte ich kaum meine A.G.E. flott erhalten und ich mußte auf Kosten meiner Gesundheit die Nächte zu Hülfe nehmen, um meinen Liebling im ununterbrochenen Gange zu erhalten. Zum Überfluß erhielt ich die Besuche von Bernoulli aus Berlin und von Dr van Marum aus Haarlem, lezterer blieb drey Wochen lang bey mir, und da unser Herzog die Versuche der van Marum'sche FeuerLöschung im großen anstellen lassen wollte, welche ich nachher in dem Reichs-Anzeiger beschrieben habe, so raubte das mir abermals nicht wenig Zeit weg. Kaum war ich mit meiner Sternwarte in Ordnung, so kam auch La Lande mit seiner Nichte an, nach und nach kamen die fremden Astronomen zu Besuch an[24]. Mein Haus war wie ein Ey voll. La Lande, seine Nichte, sein cousin ein emigrirter Priester, Bode, van Marum, Wurm, Feer, Horner, Schaubach, logirten auf dem Seeberge bey mir. Klügel, Gilbert, Pistor, Köhler, Seyffert aus Dresden, Seyffer aus Göttingen, Buttler aus Cambridge logirten zwar in der Stadt, waren aber doch von Morgen bis Abend meine Gäste, und blieben wenn es sternhell war, auch die Nacht über auf der eine Viertelstunde (zum Fahren) entlegenen Seeberger Sternwarte. Stellen Sie

21H: Anmerkung Zachs AGE 1, 681 f. (1798)

22H: Im Laufe der Jahrhunderte stark eingeschränkte Bezeichung für wettinische Gebiete um Altenburg.

23H: Man vergleiche die große Zahl von Brief-Auszügen in AGE 1 (1798)!

24H: Über den Gothaer Astronomenkongreß siehe Herrmann [25] und Brosche [3]. Letzterer hat bereits einen Ausschnitt aus diesem Brief publiziert.

sich Bester Herr Landsmann die Verwirrung vor, die Zerstreuung in der ich gelebt habe. Bedencken Sie dabey, daß ich Garcon, nicht verheyrathet bin, ganz isolirt auf einem Berg wohne, und meine Wirtschaft da führe; meine Colonie bestehet aus zwey weiblichen, und 3 männlichen Domestiquen, und 4 Pferden, eine Ordonanz und einen Sergeanten mit 3 Mann zur Wache. Gegen Ende Augst's unternahm ich abermals eine Reise, die Citoyenne La Lande wollte Weimar und Leipzig sehen, und ich begleitete Sie; bis zum 15. September währte diese Distraction, da sich alle meine Gäste empfahlen, und sich nach Osten und Westen zerstreuten. Als ich wieder zu mir selbst kam, Hülf Himmel! welcher Berg von Briefen und Paketen lag vor mir, Ihr lezter Brief lag auch darunter. Wo sollte ich diesen Wust anpacken, da war guter Rath theuer, ich hatte meinen rechten Arm, Dr Burckhardt[25], nach Paris geschikt, nun sollte ich alles allein abmachen, es war physisch unmöglich, mit jedem neuen Posttage erhalte ich 20 bis 30 neue Briefe, es blieb nichts übrig als - Banqueroute zu machen, diesen habe ich auch complet gemacht, aber bey Gott, es ist kein Frauduleuser Banqueroute, nach und nach will ich redlich und ehrlich mit meinen lieben Creditoren componiren, darunter stehen Sie Hochgeehrtester Herr Professor oben an. [...]

Mit der fahrenden Post erhalten Sie, wie ich oben schon versprochen habe, die Charte von Böhmen, als Muster und Formular, zugleich lege ich bey: 1° Ein kleines astronom. Product, nemlich astr. Tafeln zur Verwandlung der Sideralzeit, in mittlere Zeit und vice versa, diese Kleinigkeit hat dieses eigene, dass Sr Durchlaucht unser regierender Herr Herzog von Sachsen-Gotha davon Verfasser ist[26], ferner dass diese Tafeln nur als Manuscript gedruckt, nicht verkauft, in keinen Buchhandel kommen, sondern nur an Freunde verschenkt werden, ich übersende Ihnen daher in dieser Qualität ein Exemplar. Auch für Hr v. Lipszky und Hr Bogdanich folgt ein Exemplar, welches ich Sie in meinem Nahmen zu übergeben bitte.

25H: J.K. Burckhardt (Leipzig 1773-Paris 1815), Himmelsmechaniker; einer von Zachs talentiertesten Schülern.

26H: "Astronomische Tafeln der mittleren Abstände der Sonne in Zeit vom ersten Punkt der Frühlings Tag- und Nachtgleichen und ihrer mittlern Bewegungen fünf Monate und Tage zur Verwandlung der Sternzeit in mittlere Sonnenzeit und umgekehrt." Gotha 1799. (Nach A. Beck "Ernst der Zweite ..." Gotha 1854).

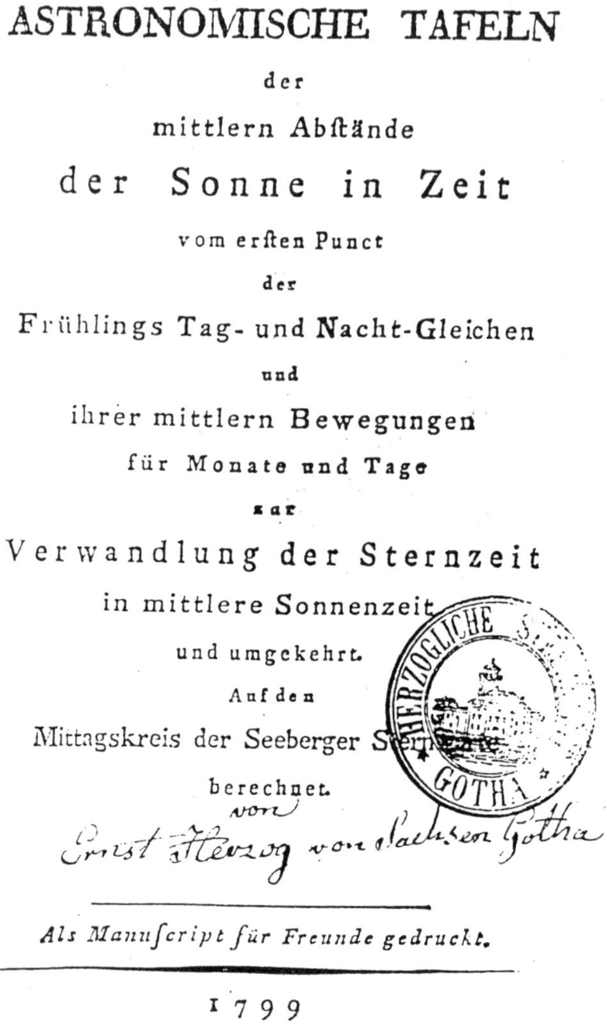
ASTRONOMISCHE TAFELN
der
mittlern Abſtände
der Sonne in Zeit
vom erſten Punct
der
Frühlings Tag- und Nacht-Gleichen
und
ihrer mittlern Bewegungen
für Monate und Tage
zur
Verwandlung der Sternzeit
in mittlere Sonnenzeit
und umgekehrt.
Auf den
Mittagskreis der Seeberger Sternwarte
berechnet.
von
Ernst Herzog von Sachsen Gotha

Als Manuſcript für Freunde gedruckt.

1799

Abb. 14 Das Titelblatt der Tafel von Ernst II. mit handschriftlicher Ergänzung (von Zach?)

Alle Jahre pflege ich, in dem hiesigen Hofkalender[27] eine Geschichte der Astronomie einzurücken, gerne schikte ich Ihnen einen solchen Kalender, er gehört aber bey Ihnen unter die verbottenen Bücher[28], ich schike Ihnen daher bloß einen besonderen Abdruck dieser Geschichte ganz allein. [...]
Es ist Ihnen gewiss von Herzen ergeben, und mit der innigsten Freundschaft, und der aufrichtigsten Hochachtung, und der reinsten Verehrung zugetan

Ihr Ergebenster verpflichtet.
Diener und Freund
Zach.

*

Zur Ablehnung der neuen Maße durch den russischen Inspektor Klostermann — und nicht nur durch diesen — schreibt Zachs ehemaliger Schüler Burckhardt aus Paris (um die Jahreswende 1798/9, abgedruckt in AGE 3 (1799) 187ff.):

Es muß für jeden unbefangenen Freund der Wahrheit eine unangenehme Empfindung seyn, zu bemerken, daß die politischen Verhältnisse Frankreichs einen so merklichen und nachtheiligen Einfluß auf das Urtheil über wissenschaftliche Gegenstände haben. Dieß ist vorzüglich der Fall beym neuen Maß- und Gewicht-System, welches bloß, weil es zur Zeit der politischen Aenderungen entstanden ist, von Männern von großem Verdienste verkannt wird. Und doch war dieß der einzige Zeitpunkt, wo man hoffen durfte, die ungeheuern moralischen Schwierigkeiten, die sich der Einführung eines ganz neuen Maß-Systems entgegenstellen, zu überwinden. Die Vortheile eines allen Völkern gemeinschaftlichen Systems der Maße und Gewichte sind von keinem vernünftigen Menschen je bezweifelt worden; noch wichtiger ist der Nutzen, welcher daraus für die Wissenschaft überhaupt, und besonders für die gesammte angewandte Mathematik entsteht.

27H: Siehe den vorangehenden Text

28H: Wie in Österreich-Ungarn, so auch im Zarenreich.

Gründung der ersten astronomischen Gesellschaft

Im Umkreis von Joh. H. Schroeter in Lilienthal bei Bremen lebten mehrere hochkarätige Liebhaber der Urania, insbesondere Olbers. Es war also schon geographisch vernünftig, wenn im September 1800 bei einem Besuch von Zach in Lilienthal gerade dort die weltweit erste astronomische Fach-Gesellschaft aus der Taufe gehoben wurde, die

„Vereinigte Astronomische Gesellschaft".

An ihr ist mehreres interessant:

1) *Der Anlaß* war die vermutete Existenz eines „fehlenden" Planeten zwischen Mars und Jupiter. Dementsprechend geben wir hier nicht gleich einen zugeordneten Text, sondern verweisen auf die entsprechenden Abschnitte in „Die Entdeckung der Ceres".

2) *Das Mittel zum Zweck* war die systematische Suche entlang der Ekliptik. Da dafür die Arbeitskraft eines Astronomen nicht ausreichte, mußte man eine Gesellschaft gründen und jeder sich zur Teilnahme an

3) *einem Gemeinschaftsunternehmen* verpflichten, auch dies meines Wissens ein Novum.

Der singuläre Erfolg von Piazzi (zu dem das Mitgliedsdiplom noch unterwegs war) einerseits und die Kriegsfolgen andererseits haben den Elan der Gesellschaft gebremst. Gerdes [20] möchte eine kontinuierliche Linie bis zur heutigen „Astronomischen Gesellschaft" sehen, die 1863 (neu–) gegründet wurde. Er stützt sich dabei auf das richtige, aber eben nur negative Argument, daß vorher de jure in den deutschen Ländern ein internationaler Verein gar nicht existieren konnte und allenfalls geduldet wurde.

Jedenfalls bleiben die Parallelen erstaunlich: der fast gleiche Name, die Gemeinschaftsunternehmen, die Internationalität bei der Gründung. Daß die Gründer der neuen Gesellschaft sich nicht auf die alte bezogen, kann eigentlich nur an der gewöhnlichen Überheblichkeit der Jugend gegenüber dem Alter gelegen haben. Eine konkrete Überlieferungslinie von der alten zur neuen Gesellschaft wäre durch Bessel und Argelander gegeben. Ersterer hat als ganz junger Mann in Lilienthal gearbeitet und später vielfach geäußert, wie wertvoll ihm der Zusammenhalt und Informationsaustausch mit Kollegen sei. Bessel war es auch, der die Idee von neuen vollständigeren Sternkarten aufgegriffen und gewissermaßen an die neue Astronomische Gesellschaft weitergegeben hat. Argelander war zeitweise Schüler Bessels und einer der wirklich 'treibenden' Gründer der neuen Astronomischen Gesellschaft. Bisher noch nicht ganz geklärte Animositäten Argelanders mit neueren Gothaer Astronomen mögen ihn bewogen haben, die Gründung der älteren zu vergessen. Gerade Argelander hat dann mit den Karten seiner „Bonner Durchmusterung" für lange Zeit das Bedürfnis nach umfassenden Sternkarten erfüllt.

Abb. 15 J.H. Schroeter (1745-1816), aus AGE 3 (1799) vor S. 441, ohne die dortige Bildunterschrift

Die schwarzen Löcher von Laplace

Wenn man im Rahmen der klassischen Newtonschen Mechanik die Annahme macht, daß das Licht dieselben gravitativen *Beschleunigungen* erleidet wie andere Materie (man braucht also von seiner Masse gar nicht zu reden), dann wird es in der Nähe von Massen abgelenkt werden. Wegen seiner großen Geschwindigkeit gibt es unter normalen Verhältnissen nur einen kleinen Richtungsunterschied zwischen den Hyperbelästen vor und nach der Passage, übrigens vom halben Betrag der heute bestätigten relativistischen Rechnung. Unter der Annahme extrem großer und dichter Körper kann Licht aber sogar völlig umgelenkt, also von diesen ausgehendes Licht zurückgeholt oder eben insgesamt zurückgehalten werden.

Diese Idee hat keineswegs Laplace als Erster gehabt ([17], [10]), jedoch waren seine Überlegungen am weitesten bekannt geworden. Offenbar hat Zach das Thema so interessiert, daß er sich einen analytischen Beweis erbat (Laplace hatte in seiner Exposition du Systéme du Monde nur qualitative Aussagen) und ihn nach Erhalt übersetzte. Dieser Aufsatz von Laplace, der zu den Geburtspapieren der „Schwarzen Löcher" gehört, ist nur in den AGE erschienen.

Quelle: AGE 4 (1799) 1; wiedergegeben und kommentiert bei H.-V. Fuchs, Orion 32 (1974) 182. Siehe auch Eisenstaedt [17] und Brosche [10].

Englische Übersetzung in: St. Hawking, G.F.R. Ellis, The Large Scale Structure of Space-Time, Cambridge 1973.

*

Beweis
des Satzes, daß die anziehende Kraft bey einem
Weltkörper so groß seyn könne, daß das
Licht davon nicht ausströmen
kann[29]
Von
Peter Simon La Place

1) Wenn v die Geschwindigkeit, t die Zeit und s der während dieser Zeit gleichförmig durchlaufene Raum ist, so ist bekanntlich

$$v=\frac{s}{t}$$

2) Ist die Bewegung nicht gleichförmig, so muß man, um den Werth von v in jedem Augenblick zu haben, den in diesem Zeittheilchen dt durchlaufenden Raum ds in einander dividiren, nämlich

$$v=\frac{ds}{dt};$$

weil die Geschwindigkeit in einem unendlich kleinen Zeittheilchen unveränderlich und also die Bewegung gleichförmig angenommen werden kann.

3) Eine immerfort wirkende Kraft wird die Geschwindigkeit zu ändern streben. Diese Aenderung der Geschwindigkit, nämlich dv, ist das natürlichste Maß der Kraft. Da aber jede Kraft in doppelter Zeit doppelte Wirkung hervorbringt, so muß man noch die Aenderung der Geschwindigkeit dv durch die Zeit dt, in welcher sie von der Kraft P hervorgebracht wurde, dividiren, und man wird dadurch einen allgemeinen Ausdruck für die Kraft P erhalten,

29 Diesen Satz, daß ein leuchtender Körper des Weltalls von gleicher Dichtigkeit mit der Erde, dessen Durchmesser 250 mahl größer wäre, als der der Sonne, vermöge seiner anziehenden Kraft keinen von seinen Lichtstrahlen bis zu uns schicken könne, daß folglich gerade die größten Körper unseres Weltgebäudes uns unsichtbar bleiben können, hat *La Place* in seiner *Exposition du Systéme du Monde* Part II P. 305 ohne Beweis aufgestellt; hier ist er, Vergl. A.G.E. May 1798 S. 603 *v.Z. A.G.Eph. IVBds. 1 St. 1799.*

nämlich $P = \frac{dv}{dt} = \frac{d.\frac{ds}{dt}}{dt}$. Nun ist, wenn *dt*

beständig ist, $d.\frac{ds}{dt} = \frac{d.\ ds}{dt} = \frac{dds}{dt}$

folglich $P = \frac{dds}{dt^2}$.

4) Es sey die Attractions-Kraft eines Körpers = *M*; ein zweyter Körper z.B. ein Lichttheilchen befindet sich in der Entfernung *r*; die Wirkung der Kraft *M*

dieses Lichttheilchens wird $-\frac{M}{rr}$ seyn; das Zeichen – deswegen, weil die Wirkung von *M* der Bewegung des Lichts entgegen gesetzt ist.

5) Nun ist nach (3) diese Kraft auch = $\frac{ddr}{dt^2}$

folglich $-\frac{M}{rr} = \frac{ddr}{dt^2} = -M r^{-2}$

man multiplicire mit *dr*; $\frac{dr\,ddr}{dt^2} = -M\,dr\,r^{-2}$

integrirt, $\frac{1}{2}\frac{dr^2}{dt^2} = c + M + r^{-1}$ wo *c* beständige Größe ist,

Nun ist nach (2) $\frac{dr}{dt}$ = der Geschwindigkeit *v*

folglich $v^2 = 2c + 2\ M\ r^{-1}$ wo *v* die Geschwindigkeit des Lichttheilchens in der Entfernung *r* ist.

6) Um nun die Constante *c* zu bestimmen, sey *R* der Halbmesser des anziehenden Körpers, *a* die Geschwindigkeit des Lichts in der Entfernung *R*, folglich an der Oberfläche des anziehenden Körpers, so erhält man aus

(5) $a^2 = 2c + 2\frac{M}{R}$ folglich

$2c = a^2 - \frac{2M}{R}$ dieß, in die vorige Gleichung gesetzt,

gibt $v^2 = a^2 - \frac{2M}{R} + \frac{2M}{r}$.

7) Eines andern anziehenden Körpers Halbmesser sey *R*, seine Attractionskraft sey *iM*, die Geschwindigkeit des Lichts in der Entfernung *r* sey *v'* so ist vermöge der Gleichung in (6)

$$v' = a^2 - \frac{2iM}{R} + \frac{2iM}{r}.$$

8) Setzt man *r* unendlich groß, so verschwindet das letzte Glied der vorhergehenden Gleichung und man erhält

$$v'^2 = a^2 - \frac{2iM}{R}.$$

Die Entfernung der Fixsterne ist so groß, daß man zu dieser Annahme berechtigt ist.

9) Die anziehende Kraft des zweyten Körpers sey so groß, daß das Licht nicht ausströmen kann; dieß läßt sich analytisch am bequemsten so ausdrücken: die Geschwindigkeit des Lichts *v'* ist gleich Null. Diesen Werth von *v'* in der Gleichung für *v'* (8) gesetzt, wird eine Gleichung geben, aus der sich die Masse iM wird herleiten lassen, bey welcher dieser Umstand Statt findet. Man hat also

$$0 = a^2 - \frac{2iM}{R'} \text{ oder } a^2 = \frac{2iM}{R'}$$

10) Um *a* zu bestimmen, sey der erste anziehende Körper die Sonne, so wird *a* die Geschwindigkeit des Sonnenlichts an der Oberfläche der Sonne seyn. Die anziehende Kraft der Sonne ist aber in Vergleichung mit der Geschwindigkeit des Lichts so klein, daß man diese Geschwindigkeit als gleichförmig annehmen kann. Aus dem Phänomen der Aberration erhellet, daß die Erde 20″¼ in der Bahn durchläuft, während das Licht von der Sonne bis zur Erde kömmt, folglich: es sey *V* die mittlere Geschwindigkeit der Erde in ihrer Bahn, so wird man haben

a : *V* = radius[30]: 20″¼ = 1: tang 20″¼

11) Meiner Annahme in *Expos. du Syst. du Monde* Part II P. 305 gemäß, ist *R'* = 250 *R*. Nun verhalten sich die Massen, wie die Volumina der anziehenden Körper mit den Dichtigkeiten multiplizirt; die Volumina, wie die Würfel der Halbmesser; folglich die Massen, wie die Würfel der Halbmesser mit den Dichtigkeiten

30 In Secunden ausgedrückt

multiplizirt. Es sey die Dichte der Sonne = 1; die des zweyten Körpers = ρ so ist

$$M : iM = 1R^3 : \rho R'^3 = 1R^3 : \rho\, 250^3 R^3$$

oder $1 : i = 1 : \rho\, (250)^3$

oder $i = (250)^3 \rho$.

12) Man substituire die Werthe von i und R' in die Gleichung $a^2 = 2i\frac{M}{R'}$ so erhält man $a^2 = \frac{2(250)^3 \rho M}{250R} = 2(250)^2 \rho \frac{M}{R}$

oder $\rho = \frac{a^2 R}{2(250)^2 M}$.

13) Um φ zu haben, darf man nur noch M bestimmen. Die Kraft der Sonne M ist in der Entfernung D gleich $\frac{M}{D^2}$. Es sey D die mittlere Entfernung der Erde, V die mittlere Geschwindigkeit der Erde; so ist diese Kraft auch gleich $\frac{V^2}{D}$ (man sehe La Landes's Astronomie III § 3539.) folglich $\frac{M}{D^2} = \frac{V^2}{D}$ oder $M = V^2 D$.

Dieß in die Gleichung für ρ in (12) substituirt gibt

$$\rho = \frac{a^2 R}{2(250)^2 V^2 D} = \frac{8}{(1000)^2}\left(\frac{a}{V}\right)^2\left(\frac{R}{D}\right)$$

$$\frac{a}{V} = \frac{\text{Geschw. d. Lichts}}{\text{Geschw. d. Erde}} = \frac{1}{\tan g 20'' \frac{1}{4}} \qquad \text{nach (10)}$$

$$\frac{R}{D} = \frac{\text{wahrem Halbmesser} \odot}{\text{mittlern Entfernung} \odot} = \begin{array}{c}\text{tang. mittlern scheinbaren}\\ \text{Halbmessers der} \odot\end{array}$$

$$\text{folglich } \rho = 8\frac{\tan g 16' 2''}{(1000 \tan g 20'' \frac{1}{4})^2}$$

hieraus ρ beynahe 4, oder so groß, als die Dichte der Erde.

Horner beobachtet die Magellanschen Wolken

Dieser kleine Ausschnitt aus den Reiseberichten Horners ist insofern bemerkenswert, als er die naturwissenschaftliche Unbefangenheit zeigt, mit der der Schüler eines 'klassischen' Astronomen etwas probiert, das wir heute zu den Anfängen der Astrophysik zählen würden, nämlich einen photometrischen Vergleich zwischen den Magellanschen Wolken ('Capwolken') und der Milchstraße, sowie Sternen.

Quelle: MC 9 (1804) 57

*

Nachrichten von der Russischen
Entdeckungsreise.
Aus einem Schreiben des Russisch-Kaiserl.
Astronomen Dr. *Horner*[31].
An Bord der Nadyestda[32] auf der Rhede vor
Santa Cruz auf Teneriffa, den 23 Oct. 1803[33]

Endlich finde ich einen Standpunct, aus welchem ich ihnen einige Nachrichten geben kann. [...]

---

31 Den 23 März 1803 wurde ich mit einem Schreiben des Russisch-Kaiserlichen *Ministre de Commerce*, Graf *Nicolas Romanzoff* beehret; er erbat sich einen meiner Schüler als Astronomen zu der bekannten, in allen öffentlichchen Blättern und Zeitungen zur Gnüge angezeigten Reise um die Welt, welche unter dem Commando des Capitains *von Krusenstern* mit zwey Schiffen unternommen werden sollte. Ich schlug Dr. *Horner*, einen Schweizer aus Zürich gebürtig, vor, welcher zwey Jahre bey mir auf meiner Sternwarte zugebracht, und sich zu diesem Posten vortrefflich qualificirt hat. Nach einigen Unterhandlungen mit dem Minister wurden folgende Bedingnisse eingegangen und schriftlich beurkundet: Dr. *Horner* erhält als Astronom der Expedition einen jährlichen Gehalt von 800 Holl. Ducaten, so lange die Reise dauert; freyen Tisch auf dem ersten Schiffe an des Capitains Tafel; 300 Ducaten zur Equipirung; nach vollbrachter Reise eine lebenslängliche Pension von 300 Ducaten, wofern er nicht eine ihm angemessene, um diese Expedition erworbene Verdienste, belohnende gute Stelle in Rußland annehmen will. Dr. *Horner* traf die aus Cronstadt ausgelaufenen zwey Schiffe *Nadyestda* und *Newa* in Kopenhagen an, wo er sich den 5 September am Bord des erstern einschiffte. *v.Z.*

32 Nadyestda auf Deutsch die Hoffnung. *v.Z.*

33 Diesen Brief erhielt ich den 14 Dec. 1803 über Amsterdam. *v.Z.*

[Quelle: MC 10 (1804) 210, 219f.]

Auszug
aus einem Schreiben des Russ. kais. Astronomen
Dr. *Horner*

Auf dem Fort Santa Cruz zwischen dem festen Lande von Brasilien und der Insel S. Catharina, den 28. Jan. 1804.[34]

. . . Aus diesem gesegneten Lande hoffte ich, Ihnen eine reiche Ernte von Sternbedeckungen zu schicken; allein wir sind zur unrechten Zeit hergekommen. Wir sind seit einem Monat hier; aber ich rufe alle unsere Journale zu Zeugen an, ob nur zwey gute Nächte ordentlich hell gewesen sind. Mein Schmerz darüber ist sehr groß. Ich werde dieses Local nie wieder haben. Instrumente haben wir genug, und der Beystand unseres vortrefflichen, von allen Guten hochgeschätzten Capitains hätte der Astronomie die schönsten Früchte versprochen; aber hier scheint der Himmel wie die Erde den Untersuchungen aller Fremden verschlossen zu sein.

[...]

Die beygehende Zeichnung eines Zodiacalscheines ist vom 13 Dec. Abends. Schon in der Dämmerung, als keine röthliche Farbe mehr am Himmel war, im Halbschatten der Nacht zeigte sich über der blaßgrünlichen unbestimmten Helligkeit in Westen ein röthlicher Schimmer, der ungefähr bey 15° Höhe anfing. Späterhin nahm er selbst vom Horizonte Besitz und reichte verwaschen und nicht über 4 Grade breit in das Zenith hinauf. Um 8½ Uhr war das Zodiacallicht sehr hell, und ging, unter α und β *Capricorni* südlich anfangend, bis an den Widder hinauf, dessen Hörner er etwa 7 – 8 Grade südlich vorbey streifte. Unten bildete er ein Dreyeck von ungefähr 12 Gr. Höhe und 8 bis 10 Gr. Basis am Horizont. Ich habe dieses Licht vom 28 Gr. N. Breite bis hierher in jeder sternhellen Nacht gesehen.

Ein anderes Blatt enthält die Gestalt und Nuancen der Milchstraße. Vom *Canopus* geht beynahe senkrecht eine sanfte Unterbrechung quer durch die Milchstraße. Bey dem größern der schwarzen

---

34 Den 2. Aug. 1804 in Gotha eingegangen

Flecken ist sie am hellsten, weit heller als sie im Norden in der Gegend des Schwans
ist. Der übrige blässere Theil ist etwa so hell, wie beym *Sirius*. Ich habe statt *Photometer*, vier grüne Dampfgläser [gemeint wohl Dämpfgläser] von ungleicher Abstufung mitgenommen. Von den *Capschen* Wolken verschwand die kleinere für No. 4 (das dunkelste dieser Gläser); ebenso auch die Milchstraße an den Stellen, die nicht in der Nähe der *Magellanischen* Flecken sind. Die größere Wolke konnte noch No. 4 + No. 2 vertragen, und ungefähr eben so groß ist die Helligkeit der Milchstraße bey den schwarzen Flecken. Den *Canopus* hat *Humboldt* auf 98 gesetzt, wenn *Sirius* 100 ist. Ich würde ihm nicht über 90 geben. An Farbe des Lichts ist er ganz dem *Sirius* gleich. *Acharnar* ist dem *Fomalhaut* gleich zu setzen.

*

Angesichts von Horners Interesse für den südlichen Sternenhimmel verwundert es nicht, ihn auch unter den geistigen Vätern europäischer Südsternwarten zu finden: Rudolf Wolf berichtet, daß Horner 1800 in einem Brief an Feer den Wunsch ausgesprochen habe, eine Sternwarte in Südamerika zu erhalten, und daß er nach der Expedition am 22.8.1806 an Zach schrieb, er wolle sich Unterstützung zu einer südlichen Arbeit folgender Art ausbitten: „Ein Hauptplan dieser Art, den ich am Vorgebirge der guten Hoffnung beim Abschiede von den südlichen Sternen faßte, wäre eine Reise nach Süden, etwa nach Buenos-Ayres, oder auch den Aequator, um dort einige Jahre mit den jetzigen vollkommenen Instrumenten den südlichen Himmel zu fegen..." (R. Wolf, Biographien zur Kulturgeschichte der Schweiz, 2. Cyclus, Zürich 1859, S. 377). Die Jahreszahl allein erklärt schon, weshalb aus solchen Plänen nichts werden konnte.

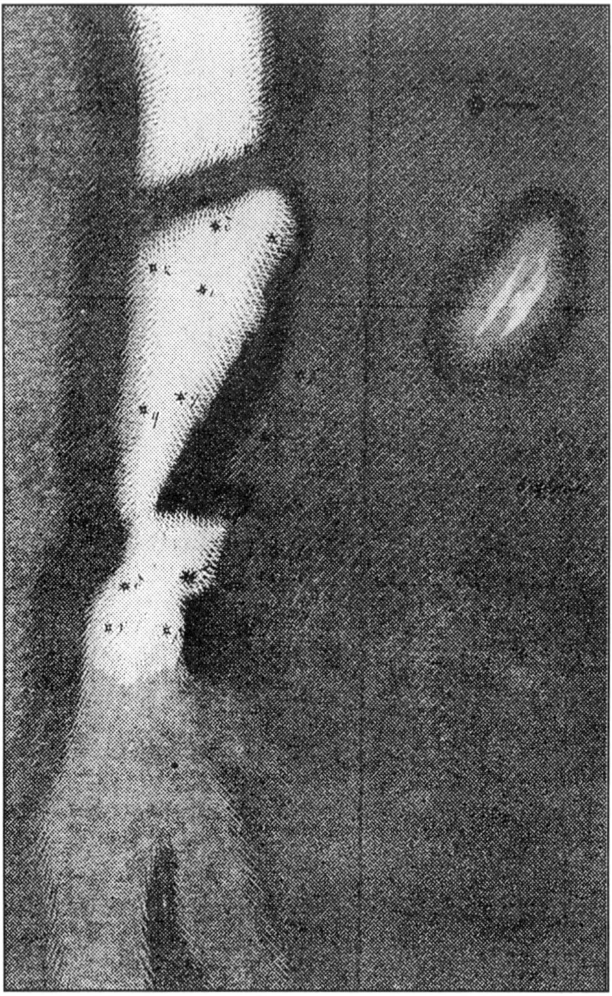

Abb. 16 Milchstraße und Capsche Wolken nach Horner (MC 10 (1804) nach S. 288)

Erste Anwendung der Methode der kleinsten Quadrate durch Gauß

Diese Methode ist seit ihrer Einführung ein Standardwerkzeug aller beobachtenden und messenden Naturwissenschaftler geworden, was daran liegt, daß (a) das Problem immer vorliegt – der Ausgleich von Fehlern unter überbestimmenden Beobachtungen – und (b) die Hauptvoraussetzung für seine Lösung meistens genähert zutrifft, nämlich eine Normalverteilung (oder Gaußverteilung) der Fehler.

Gauß ließ häufig Wichtiges mehr oder weniger fertig in der Schublade liegen und entgeisterte dann frohe Neu-Entdecker durch desillusionierende Bemerkungen. So etwa bei der nichteuklidischen Geometrie. Im Falle der kleinsten Quadrate hat er die Methode erst 1809 in seiner „Theoria motus corporum coelestium..." veröffentlicht, während Legendre sie schon 1805 gegeben hatte ([43] § 52). Einem Gauß glaubte man zwar, daß er sie schon 1794 besessen hatte, aber die Erstveröffentlichung blieb damit bei Legendre. Gauß ertrug dies mit Haltung und erklärte, es käme ihm auf ein so evidentes Prinzip gar nicht an, sondern nur auf dessen Anwendung. Seinen Bewunderer und Apologeten, den Altonaer Astronomen Schumacher, wurmte es aber doch, und so spielt in der Korrespondenz Gauß-Schumacher [wie 36] die Frage sogar noch 1850 eine Rolle, da nämlich, ob womöglich Lagrange die Priorität habe. Gauß hatte zuvor Tobias Mayer schon für im Besitz der Methode gehalten, aber inzwischen gelernt, daß er eine Wette in diesem Sinne hätte verlieren müssen, denn der habe „nur nach hausbackenen Combinationen gerechnet" (Gauß an Schumacher 24.6.1850). 1831/32 argumentiert Schumacher, Gauß habe in einem Brief an Zach, der 1799 veröffentlicht wurde, durch die dort gegebenen Resultate bewiesen, daß er die Methode besessen habe (unser Text).

Die Fußnote Zachs „Hiervon ein andermahl" und die Schumachersche Beschwerde, daß es dieses 'andermahl' nicht gegeben habe, erklärt sich sicher folgendermaßen: Gauß hat nach eigenem Bekunden Zach das 'Wesen der Methode' nicht mitgeteilt (Brief an Schumacher vom 3.12.1831), sondern allenfalls angedeutet. Zach wollte ohne zusätzliche Aufklärungen nichts bringen, und so kam es zu keiner Veröffentlichung *vor* Legendre.

Ausweislich der in Göttingen aufbewahrten Briefe Zachs an Gauß (die eine eigene Edition verdienen) begann um 1799 der briefliche Kontakt, und gleichzeitig stellt die besagte Notiz das erste Auftreten Gauß' in den Zachschen Zeitschriften dar.

Nach dem Wortlaut der veröffentlichten Notiz bezog sich die Anwendung auf wenige zeitgenössische Bogenmessungen, aus deren entsprechenden Breitendifferenzen Gauß die Abplattung der Erde ermittelt hat (siehe erstes Faksimile). So hat das auch Schumacher verstanden, sonst hätte er nicht davon reden können, daß Gauß die Resultate seiner Rechnung gegeben habe (30.11.1831 und 3.3.1832 an Gauß). Nach Gauß' Antwort vom 3.12.1831 hatte die erste Anwendung jedoch einen anderen Gegenstand, nämlich eine Zeitgleichungs-Tafel von Ulugh-Beigh, die in der AGE III (1799) 182 veröffentlicht worden war. Dieses Thema wurde auch von Zach in seinem ersten erhaltenen Brief an Gauß vom 24.9.1799 erwähnt: „...insonderheit Ihnen einiges von Dr. Burckhardt aus Paris als Antwort über Ihre Bemerkungen Ulugh-Beighs Tafeln betreffend mitzuteilen". (UB Göttingen, Cod MS Gauss 113, Brief 1). Eben darauf bezieht sich Gauß mit der Wendung aus dem veröffentlichten Brief „von der ich Ihnen eine Probe gegeben habe." Er gab dann eine zweite Anwendung und die hat Zach veröffentlicht; Gauß erinnerte sich 1831 offenbar nur an die erste.

Die späteren erhaltenen Briefe Zachs an Gauß datieren erst ab 1801, und da steht dann das aufregende Thema der Ceres-Entdekkung ganz im Vordergrund. Freilich hätte Gauß auch bei dieser Gelegenheit auf die Methode der kleinsten Quadrate zurückkommen können, offenbar hat er es aber vorgezogen, sie erst in der „Theoria motus..." darzustellen [11b].

Übrigens beschwert sich Humboldt gegenüber Bessel, daß Gauß – bis zur Unhöflichkeit – Wert darauf legen konnte, ja keine Idee von außen bekommen zu haben; in diesem Fall ging es um den Erdmagnetismus und Humboldts Beiträge (Brief an Bessel vom 14.7.1833, siehe [19]).

Quellen: Einleitung von Zach zur AGE 4 (1799) p. XXXV

Auszug aus Brief von Gauß, AGE 4 (1799) 378 und Korrektur in MC 1 (1800) 193, hier beides auf S. 110

*

Allenthalben, wo bey dieſer Gradmeſſung Polhöhen beobachtet worden ſind, war ihre Ungewiſsheit nirgend über eine halbe Secunde groſs. Die Beobachtungen der Pariſer Polhöhe von *De Lambre* und *Méchain*, auf das *Panthéon* reducirt, ſtimmen bis auf ein Zehntheil der Secunde überein. Die vier ernannten Commiſſarien haben jeder für ſich, nach verſchiedenen Methoden, die vier Theile der gemeſſenen Mittagslinie berechnet, und ſie haben nie einen Unterſchied von einem *Viertel-Module* gehabt. Man hat allemahl das Mittel aus den vier Rechnungs-Reſultaten genommen; dieſe haben gegeben den Bogen

	Modulen		Breite i. d. Mitte
zwiſchen Dünkirchen und dem Pantheon	62472,59	= 2, G 18910	. . 49° 56′ 30″
zwiſchem dem Panthèon und Evaux	76545,74	= 2, 66868	. . 47 30 46
— Evaux und Carcaſſone . . .	84424,55	= 2, 96336	. . 44 41 48
— Carcaſſone u. Barcellona	52749,48	= 1, 85266	. . 42 17 20
Summa von Dünkirchen bis Barcellona	275792,36	= 9, 67380	

Die Breite im Mittel des ganzen Meridian-Bogens iſt 46° 11′ 58″. Von Dünkirchen bis Evaux nimmt die Länge des Grades zwey *Modulen* ab; von Evaux nach Carcaſſone 15½ Mod. und von Carcaſſone nach Barcellona 7 Modulen. Dieſe Unregelmäſsigkeiten können kommen 1) von der Unregelmäſsigkeit der Erd-Meridiane, 2) von der Anziehung der Berge, 3) von der Ellipticität der Parallel-Kreiſe, 4) von Unregelmäſsigkeiten im Innern der Erde. Die an verſchiedenen Orten beobachteten Azimuthe müſſen von dieſer Ellipticität der Parallel Kreiſe, wenn dieſelbe Statt hat, nothwendig afficirt werden;

* * * 2.

3.

Erlauben Sie, daſs ich einen im Julius St. der A. G. E. bemerkten Druck-Fehler anzeige. S. XXXV der Einleitung, bey der Angabe des Bogens zwiſchen dem Pantheon und Evaux muſs ſtatt 76545,74 ſtehen 76145,74. Die Summe iſt richtig, und der Fehler kann auf kein anderes als dieſes Stück fallen. *) Ich entdeckte dieſen Fehler, indem ich meine Methode, von der ich Ihnen eine Probe gegeben habe **), anwandte, um bloſs aus dieſen vier gemeſſenen Stücken die Ellipſe zu beſtimmen, und $\frac{1}{150}$ Abplattung fand; nach Verbeſſerung jenes Fehlers fand ich $\frac{1}{187}$, und den ganzen Quadranten 2565006 Modulen (nämlich ohne Rückſicht auf den Grad in Peru.) Der Unterſchied von $\frac{1}{150}$ und $\frac{1}{187}$ iſt in dieſem Falle eben nicht erheblich, da die End-Puncte ſo nahe liegen.

Braunſchweig, den 24 Aug. 1799.

C. F. Gauſs.

* * *

Verbeſſerungen
zum IV. B. der Allg. Geogr. Ephemer.

Im IV. Bande der A. G. E. S. 133 Zeile 3 ſtatt 0, 56 04 22 Q muſs ſtehen 0, 56 59 78 Q.

Ebendaſelbſt S. 378 N. 3 Zeile 9 ſtatt $\frac{1}{150}$ Abplattung muſs es heiſsen $\frac{1}{30}$ Abplattung. Zeile 12 ſtatt der Worte "*Der Unterſchied von $\frac{1}{150}$ und $\frac{1}{187}$ iſt in dieſem Falle eben nicht erheblich*" kann man zu mehrerer Verſtändlichkeit folgendes ſetzen "*Der Unterſchied von $\frac{1}{150}$, den die Franzöſiſchen Grad-Meſſer (A. G. E. IV B. S. XXXVII der Einleitung und S. 42) und $\frac{1}{187}$, die ich gefunden habe, iſt in dieſem Falle eben nicht erheblich.*

Die neuen Planeten und die Meteorite

Schon früher hatten vor allem die spektakulären Erscheinungen von Kometen manche Geister zu Spekulationen über ihre Rolle in der Erdgeschichte angeregt.

Auf der empirischen Seite schlugen bis zum präzisen Ende des 18. Jahrhunderts (plus 1 Tag) vier wichtige neue Erkenntnisse über das Sonnensystem zu Buche: (1) Die periodische Natur eines Kometen war erstmals gesichert worden (beim Halleyschen). (2) Der klassische Bestand von 5 Planeten war 1781 durch Herschels Entdeckung des Uranus erstmals verändert worden. (3) Die Überzeugung von der extraterrestrischen Natur der Meteorite hatte, besonders durch Chladnis Arbeiten [13], auch im akademischen Milieu festen Fuß gefaßt. In diesem Falle war ja der Volksglaube einmal früher auf der richtigen Spur gewesen als die Einsichten der Wissenschaft! (4) Piazzi hatte am 1.1.1801 den ersten kleinen Planeten entdeckt.

Von den ersten beiden Themen gibt es in unsern Texten einen Nachhall: Bessel befaßte sich in seinem Gesellenstück mit alten englischen Beobachtungen des Halleyschen Kometen; die Entdeckung des Uranus spricht Zach noch in seinem Groß-Kommentar zur Entdeckung der Ceres an: Auch er hätte längst gefunden worden sein sollen und war es doch nicht, und es gab von ihm Messungen vor der Entdeckung, bei denen die Beobachter ihn einfach als Stern registriert hatten (so Tobias Mayer, dessen Ergebnisse Lichtenberg für Zach auszog).

Von den beiden anderen Themen war das der neuen kleinen Planeten (auch Planetoiden oder Asteroiden) ureigenste Domäne der Astronomen, während bei dem der Meteorite noch sehr wesentlich ihre mineralogische Erkundung hinzukam. Daher wurde dieses Thema von den Astronomen zwar durchaus zur Kenntnis genommen, aber nicht „federführend".

Die Entdeckung des ersten kleinen Planeten, der Ceres durch Piazzi[35] geschah keineswegs völlig unerwartet; Zachs großer Bericht, von dem wir hier nur den ersten Teil wiedergeben, schil-

---

[35] H: der ihn gern nach seinem König von Neapel Ferdinandea genannt hätte, was sich aber nicht durchsetzte.

dert die Erwartungshaltung, die sich langsam aufgebaut hatte, nachdem die von Titius vor Bode gefundene sogenannte Titius-Bodesche Reihe sich auch beim Uranus bewährte, zwischen Mars und Jupiter aber eben einen Platz „frei" ließ (über diese Reihe siehe auch Wurm, MC 7 (1803) 74ff.). Das Erstaunen war fast größer, als man sehr bald über den ersten hinaus noch 3 weitere Planetoiden fand.

Wenn das Thema der Meteoriten für den astronomischen Beobachter weniger attraktiv war, so keineswegs für den spekulativen Kopf. Und der kann, wie im Falle Olbers, ja durchaus auch zur ersten Sorte gehören. Die Herkunft von Meteoriten aus dem Monde (die für einige heute als gesichert gilt, freilich nicht als Produkt von Mondvulkanen [30, 32]) war, so möchte ich vermuten, eine Übergangsidee zwischen der früher angenommenen irdischen Natur und dem vollen Bürgerrecht im Planetensystem, i.e., eigenen Bahnen um die Sonne. Diese Überlegungen waren zwar naturgemäß nicht auf sicherem Boden anzustellen, aber sie waren doch weit mehr als Gedanken ins blaue: Es ging schon (bei jemandem wie Olbers) um quantitative Abschätzungen auf der Basis von physikalisch akzeptablen Geschwindigkeiten.

Ähnliches gilt von den 'Cosmogenischen Betrachtungen' des Anton von Zach, zu deren Publikation er sich nach eigenem Zeugnis [MC 8 (1803) 214, bes. 218] durch die Äußerungen von Laplace ermuntert fühlte, die also vom Meteoritenthema befruchtet, aber andererseits auch ganz klar durch die Entdeckung der kleinen Planeten realistischer geworden waren.

Der ältere Bruder Anton (1748–1829) von Franz Xaver von Zach war hochdekorierter k. und k. Offizier[36] und um die Jahrhundertwende im damals österreichischen Oberitalien mit Vermessungsarbeiten befaßt. Die etwas isolierten Colli Euganei bei Padua hatten ihn zu seinen Vorstellungen inspiriert, die er erstmals am 21.5.1801 vor der Akademie in Padua [5] vortrug und 1803/4 in der Zeitschrift seines Bruders veröffentlichte. Unsere Auswahl charakterisiert mehr den Stil als den Inhalt. Was die kosmogenische Seite

---

36H: Für seine Leistungen bei der Belagerung von Belgrad wurde er Ritter des Maria-Theresia-Ordens; sein letzter Rang war der eines Feldzeugmeisters (der zweithöchste Generalsrang, nach dem Feldmarschall).

betrifft, können A. v. Zachs Ideen als eine konkretere Weiterentwicklung derer von Kant [29] angesehen werden, die ihrerseits oft mit Bindestrich denen von Laplace an die Seite gesetzt werden, aber sich durch das wichtige Element zufälliger Bewegungsanteile unterscheiden. A. v. Zach – der von Kant nichts zu wissen scheint – faßt dies quantitativer und kann durch die neuen Erkenntnisse über die ersten Planetoiden auch richtige Größenordnungen annehmen. Seine Vorstellungen können durchaus als Vorläufer moderner Vorstellungen von der Entstehung des Sonnensystems (z.B. der 'planetesimals' von McCrea [35]) angesehen werden.

Über die direkte Assoziation von Gebirgsmassen auf der Erde mit eingeschlagenen extraterrestrischen Objekten lächeln wir heute, für die allererste Bildung von Inhomogenitäten auf der jungen Erde wäre das vielleicht gar nicht so abwegig. Übrigens ist Wegener als Vater der Kontinentverschiebung Ahnherr aller heute angenommenen Gebirgsbildungstheorien, hat sich aber interessanterweise auch mit Impakt-Versuchen beschäftigt.

Auswirkungen der beiden großen Themen auf die Literatur begegnen wir bei Goethe und Jean Paul. Ersteren hat vielleicht die Beziehung zwischen Zach und der Herzogin Marie Charlotte Amalie zu den Figuren von Makarie und ihrem Astronomen angeregt [4]. Daß Makarie sogar schon visionär unentdeckte kleine Planeten sehen kann, hätte freilich zu Entdeckungen auf dem Seeberg führen sollen.

An dem Ideenstreit über die treibenden Kräfte der Erdgeschichte hatte Goethe selbst teilgenommen und, so ist die schöne Darstellung der Parteien – mitsamt der kleinen Gruppe der Impakt-Freunde – durchaus vollkommen.

Viel breitere Kenntnisse der Naturwissenschaften seiner Zeit sind Jean Paul zu attestieren; die Literaturgeschichte dankt ihm das eher nicht, sondern legt die betreffenden Zeugnisse unter Kuriosa ab (aber Esselborn [18]). Hier finden wir, daß er Anton von Zach gelesen und sogar vorweggenommen hat!

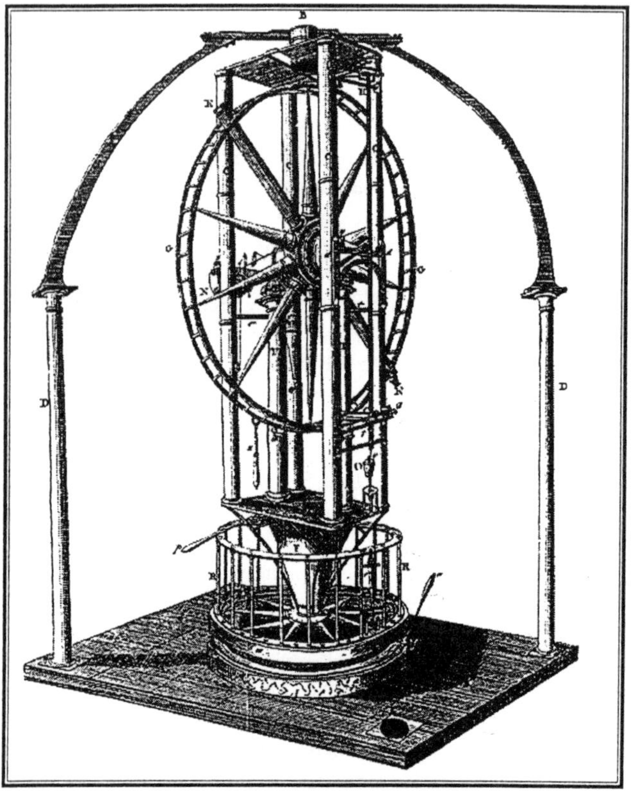

Beſchreibung der Aufſtellung und Einrichtung des auf der Königl. Sternwarte zu Palermo, befindlichen fünffüſsigen aſtronomiſchen Kreiſes.

Abb. 17 Ein von Ramsden gebautes Hauptinstrument von Guiseppe Piazzi (1746-1826)
Aus BAJ Suppl II (1795) nach S. 112.
Zugehöriger Beitrag S. 51ff.

Die Entdeckung der Ceres

Quelle: Erster Teil eines Berichts in mehreren Fortsetzungen, MC 3 (1801) 592, Weglassung einiger Anmerkungen

*

Über einen
zwischen Mars und Jupiter längst vermutheten,
nun wahrscheinlich entdeckten
neuen Hauptplaneten unseres Sonnensystems.

Daß zwischen Mars und Jupiter noch ein besonderer Hauptplanet unseres Sonnen–Systems befindlich seyn müsse, den man wegen seines matten Lichtes, und seiner geringen Größe bis jetzt nicht hat auffinden können, hat unseres Wissens schon vor 40 Jahren der unsterbliche *Lambert* zuerst vermuthet, wenigstens zuerst öffentlich geäußert. In seinen *cosmologischen Briefen über den Weltbau,* welche im J. 1761 zu Augsburg erschienen sind kommt gleich zu Ende des ersten Briefes S. 7 diese merkwürdige Stelle vor: *Und wer weiß es, ob nicht schon Planeten mangeln, die aus dem weiten Raum, der zwischen Mars und Jupiter ist, hinweg gekommen sind.* Wahrscheinlich ist Lambert auf diesen Gedanken durch die Vergleichung der verschiedenen Entfernungen der Planeten von einander geleitet worden, und er muß damahls schon gefunden haben, daß der Abstand vom Mars zum Jupiter auf einmahl ganz unverhältnismäßig groß wird. Um diese Lücke auszufüllen, setzte er einen Hauptplaneten dahin, und da dieser seit zwey Jahrhunderten, das ist seit Entdeckung der Fernröhre, nicht sichtbar geworden, so läßt er ihn wieder von einem eroberungssüchtigen Cometen der mächtigen Herrschaft der Sonne entreißen, und als Trabanten in dem unermeßlichen Weltraum fortführen, und schließt mit der Bemerkung: *Geht es denn unter den Weltkörpern, wie auf der Erde, daß der Stärkere den Schwächern aufreibt, und sind Jupiter und Saturn nur dazu bestimmt, daß sie immer Beute machen?*

Was die Astronomen in dieser Meinung von der Existenz eines solchen Planeten noch mehr bestätigen konnte, war ein gewisses Verhältnis, das die bisher bekannten sechs Hauptplaneten in ihren Entfernungen von der Sonne beobachten, welches Verhältniß durch den siebenten von Dr. *Herschel* im J. 1781 jenseits der Saturns–Bahn aufgefundenen neuen Hauptplaneten *Uranus* auf eine unerwartete Art bestätiget wurde. Prof. *Bode* hat dieses merkwürdige Verhältniß in der zweyten 1772 erschienenen Ausgabe seiner *Einleitung zur Kenntniß des gestirnten Himmels* zuerst bekannt gemacht. Um dieses nur ungefähr und durch kleine Zahlen, die sich leicht übersehen lassen, darzustellen, so theile man den Abstand der Sonne vom Saturn in 100 gleiche Theile, so ist:

1) Mercur ..... 4 solche Theile von der $\odot$ entfernt
2) Venus .... $4 + 3 = 7$
3) Erde .... $4 + 2 \cdot 3 = 10$
4) Mars .... $4 + 2 \cdot 2 \cdot 3 = 16$
5) Hera oder Juno $4 + 2 \cdot 2 \cdot 2 \cdot 3 = 28$
6) Jupiter ...... $4 + 2 \cdot 2 \cdot 2 \cdot 2 \cdot 3 = 52$
7. Saturn .... $4 + 2 \cdot 2 \cdot 2 \cdot 2 \cdot 2 \cdot 3 = 100$
8) Uranus ...... $4 + 2 \cdot 2 \cdot 2 \cdot 2 \cdot 2 \cdot 2 \cdot 3 = 196$

etc. .... etc. .... etc. ....

Oder allgemeiner ausgedrückt, der n^{te} Planet von der Sonne gerechnet ist von ihr entfernt $4 + (2^{n-2} \cdot 3)$. Oder drückt man, wie Prof. *Wurm* gethan hat[37], den mittlern Abstand des ersten Planeten durch a aus; die Differenz der Abstände des ersten und zweyten durch b, die mittlere Entfernung der Erde von der Sonne = 1; so ist je des nten Planeten mittlerer Abstand von der Sonne = $a + (2^{n-2} \cdot b)$. Dieses Gesetz gründet sich auf keine uns bekannte Theorie, wenigstens hat man es bisher nicht mathematisch beweisen können, und es ist bloß *empirisch aus analogischen Schlüssen* gefolgert worden. In keiner Wissenschaft hat der menschliche Geist bloß durch mathematische Logik, und durch Schärfe des geometrischen Nachdenkens, mehr, gewissere, und reinere Wahrheiten, als in der Sternkunde herausgebracht. Wenn man die Größe und Erhabenheit der Gegenstände, womit sich diese Wissenschaft beschäftiget, und die Kleinheit des Menschen und seines Wohnsitzes betrachtet, wenn man die unermeßliche Verschiedenheit und Verkettung der himmlischen Erscheinungen erwäget, welche alle nur aus einem einzigen sehr einfachen Naturgesetz der allgemeinen, durch das ganze Schöpfungs-Gebiet verbreiteten Schwerkraft gefolgert werden; wenn man bedenkt, welche tiefsinnige mathematische Methoden und Rechnungsarten erfunden werden mußten, um alle diese so

---

37 Berl. astr. J.B. 1790 S. 168

mannigfaltig combinirten Erscheinungen der Berechnung zu entwerfen, und eine gewisse immerwährende Uebereinstimmung dieser Berechnungen mit den wirklichen Ereignissen des Himmels zu bewerkstelligen: so muß der Laie, wie der Eingeweihte gewiß bekennen, daß keine Wissenschaft dem menschlichen Geiste mehr Ehre macht, daß in keiner Wis senschaft so viele Entdeckungen *a priori* gemacht worden, und daß sich keine Wissenschaft auf unumstößlichere Beweise gründet, als die erhabne Sternkunde38.

Die *mathematischen* Astronomen (denn es giebt auch welche, die es nicht sind) nehmen daher nicht leicht etwas für ausgemacht an, das nicht mathematisch bewiesen werden kann. So groß daher auch die Wahrscheinlichkeit war, daß das angezeigte Verhältnis der Planeten-Abstände, wenigstens als Näherung zum Wahren, in der Natur Statt finden konnte, so gab es doch Astronomen, die an den Folgerungen dieses *unerwiesenen* Gesetzes, und folglich an der Existenz eines zwischen Mars und Jupiter befindlich seyn sollenden unsichtbaren Planeten zweifelten.

Characteristisch und bemerkenswerth bleibt es immer, daß es, unseres Wissens, Astronomen von keiner Nation, außer der *Deutschen* gegeben hat, welche diese *Vermuthung* in ihre Lehrbücher aufgenommen, oder über diesen Gegenstand geschrieben hätten. Wie ist dieß zu erklären? Sollte wirklich eines großen Deutschen Mannes Geist, der Geist eines *Kepler*, auf den Deutschen ruhen! Nicht als ob die Deutschen *unbedingt* an die Existenz eines solchen Planeten geglaubt, oder ihn als *erwiesen* angekündigt hätten. Prof. *Bode* erwähnt dieses Planeten in allen seinen schätzbaren Lehrbüchern, und in allen ihren zahlreichen Auflagen, seit 1772, aber er spricht von seinem Daseyn immer nur als *Vermuthung*, als *Analogie*; und nicht als erwiesene Wahrheit.

Schon vor 16 Jahren beschäftigte ich mich mit der Berechnung *analogischer* Elemente der Bahn dieses latirenden Planeten, wie man aus dem Berliner astr. J.B. 1789 S. 162, 163 aus einem daselbst abge-

---

38 *La Place*, dieser auch außer seiner *Analyse* tiefdenkende Geist, sagt daher über den Fortgang der neueren Chemie, in der Vorrede zu seinem seltnen Werke, *Théorie du Mouvement et de la Figure élliptique des Planètes 1784* S. xij folgende merkwürdige Worte: *et ce ne sera qu'au moment, ou les loix des affinités chimiques seront suffisamment observées, pour y appliquer l'Analyse, que cette science (la chimie) aura le degré de perfection, auquel l'Astronomie s'est élevée par la découverte de la gravitation universelle.*

druckten Briefe ersehen kann, den ich im September 1785 aus Dresden an Professor Bode schrieb. Allein ich erklärte selbst diese Untersuchungen für *Träumereyen,* und nannte meine Rechnungen *chimaerisch.* Scherzweise verglich ich sie mit den Bemühungen der Adepten, die Gold suchen. Als ich im J. 1798 bey *La Lande's* Anwesenheit in Gotha das Vergnügen hatte, meinen hochgeschätzten Freund Bode wiederzusehen, kamen wir auch auf diesen Gegenstand zu sprechen. Der ehrwürdige Senior der Astronomen hatte keinen starken Glauben an diesen Planeten, er erwähnt dessen auch mit keiner Sylbe in den drey Auflagen seiner *Astronomie,* und ich pflegte diejenigen, welche einen stärkeren Glauben daran hatten, *astronomische Adepten* zu nennen.

Prof. *Wurm* beschäftigte sich im J. 1787 mit ähnlichen Gedanken über *mögliche Planeten und Cometen unseres Sonnensystems,* welches Ideal er in dem Berl. astr. J.B. 1790 S. 167 aufgestellt, und in dem folgenden Jahrgang S. 188 weiter ausgeführt, und auf die Anordnung der Trabanten-Systeme ausgedehnt hat. Allein auch er bemerkt dabey, daß er weit entfernt sey, seine astronomischen *Schwärmereyen,* wofür er seine Untersuchungen ausdrücklich erklärt, jemanden für wahr aufdringen zu wollen.

Man hat Ursache, mit analogischen Schlüssen um so mehr auf seiner Huth zu seyn, da uns selbst das merkwürdige Beyspiel unsers großen Meisters zur Warnung dienen muß, daß man einer zu geschäftigen Einbildungskraft nicht zu viel trauen darf. Man kann wol ihr Spiel Dichtern erlauben, aber einer gewissen Gattung von Naturforschern muß man es verargen, welche die Natur auf dem Glatteis des Mysticismus zu ertappen gedenken, eine allgemein verständliche Sprache durch einen unverständlichen Kunst-*Jargon verdrängen, und obscurum per obscurius* erklären wollen. Möchten doch diese Menschen, die sich auch als Feinde der, ihrer Meinung nach ideenarmen und unfruchtbaren Mathematik zeigen, die oben angeführte Stelle eines *La Place* wohl beherzigen, es sey denn, daß sie diesen großen Mann auch unter die *unpoetischen unästhetischen* und *unphilosophischen Köpfe,* auf welche sie mit Mitleid herabsehen, rangiren[39].

Kepler, welcher sich mit ähnlichen astronomischen Träumereyen öfters ergötzte, und seiner feurigen Einbildungskraft zügellosen Lauf ließ, glaubte eine sehr wichtige Erfindung gemacht zu haben, daß die fünf regulären Körper in die Zwischenräume der sechs damahls bekannten Planeten-Bahen paßten: und wirklich stimmen ihre Abstände nach neuern Beobachtungen sehr gut mit dieser Regel. Aber leider! (bemerkt Prof. *Wurm*) *ließen Euklid und die Natur für den Uranus keinen regulären Körper,* und ich setze hinzu, auch für die Hera keinen mehr übrig, und damit ward auf eimahl Kepler's *sinnreiches Ideal* ganz zernichtet.

Man könnte zwar hier dieselbe Frage aufwerfen, welche man bey Gelegenheit der Entdeckung des *Uranus* gemacht hat, warum man diesen Planeten nicht längst schon entdeckt hat; aber auch dieselbe Antwort mit Hofrath *Lichtenberg*[40] darauf geben, welcher diese Frage nicht viel vernünftiger fand, als die von *Lelio's* Bedienten in *Lessings* Schatze, der gern wissen mochte, warum der Vater seines Herrn gerade heute wiederkömmt, und nicht ein Jahr früher oder später, welches ihm viel begreiflicher gewesen wäre.

Das natürlichste ist daher wol, wie auch Prof. *Bode* in seiner *Erläut. der Sternkunde* gethan hat, zu vermuthen, daß dieser Planet kleiner als Mars, und aus seiner schon beträchtlichen Entfernung hinter diesem Planeten zu wenig Licht von seiner Oberfläche zurückwirft, weswegen er auch bisher unsern geschärften Blicken entgangen ist. Wer weiß, von welcher Beschaffenheit seine Oberfläche ist? Wir kennen Weltkörper, welche nach verschiedenen Farben-Nuancen roth und grün, wie z.B. Mars, und der Doppelstern in der

---

39 Welche Begriffe mogen diese Menschen von der höheren Analyse haben? Sie halten sie für eine *Rechnung,* und glauben etwa, *La Place* habe z.B. die wahre *Ursache* der Secular-Gleichungen ohne Geist ganz *machinalement* nach einer Regel de Tri *ausgerechnet. Immerhin Rechnung!* Es ist doch eine schöne Rechnung, die nicht nur *Quantitäten,* sondern auch *Ursachen* ausrechnet. Dies nur als wohlgemeinter Rath für *junge* angehende Naturforscher, das Studium der Mathematik nicht zu vernachlässigen. Die *alten* Systemen-Schwärmer lassen und *können* sich nicht mehr bekehren. Sie glauben, *man rechnet, wo es nichts zu rechnen gibt.*

40 Götting. Taschenbuch für 1783.

Andromeda, schimmern, deren Licht ab und zunimmt, ja sogar die vor unsern Scharfblicken ganz verschwinden.
Kant und *Wünsch* in ihren cosmologischen Schriften halten dafür, daß dieser Planet für sich nicht existire, sondern dem Jupiter einverleibt sey, welcher daher auch um so viel größer ist, als er der wahrscheinlichen Regel nach seyn sollte, daher er gleichsam die Stelle zweyer Planeten vertrete. *Kant* schreibt die Kleinheit des Mars, und seinen Mangel von Trabanten derselben Ursache zu. Allein man bedarf dieser Hypothese gar nicht, um die bisherige Unsichtbarkeit dieses Planeten zu erklären. Man kann dieses viel natürlicher, und den Naturgesetzen angemessener thun. Wie lange ist nicht *Uranus* unseren Augen verborgen geblieben? und doch stand er nicht nur am Himmel, sondern er wurde sogar, wie wir jetzt wissen, vor 20, 30 und 90 Jahren vor *Herschel's* Entdeckung desselben von einem Französischen, einem Deutschen und einem Englischen Astronomen gesehen und beobachtet. Wie konnte daher Prof. *Wünsch*, in der zweyten Auflage seiner *cosmologischen Unterhaltungen vom J. 1791*, folglich zehn Jahre nach der Entdeckung des Uranus noch die Bemerkung[41] machen: *Was müßte denn das für ein Körper seyn, den man in einer solchen Nähe durch die besten Sehröhre sogar nicht finden könnte, ohngeachtet man beynahe alle Nächte jedes kleine Fleckchen am Himmel mit größtem Fleiß durchspähet*? Allein sollte dieser Planet einmahl entdeckt werden, oder wirklich schon entdeckt seyn, so wird es sicherlich sehr begreiflich werden, warum sich dieser als teleskopischer Stern erscheinende Planet unter dem zahllosen Heer dieser Sterne so lange verborgen halten konnte.[42] P. *Wünsch* meint, da man durch die besten Sehröhre die Saturnus- und Uranus–Trabanten sehen kann, welche auch nur mit blassem Wiederschein blinken, so hätte man wol auch diesen verborgenen Planeten sehen können. Aber Prof. *Wünsch* bedachte nicht, daß es ganz etwas anders ist, einen gewissen, sich durch nichts unterschei-

---

41 I Band S. 599

42 Schon bey Gelegenheit der Entdeckung des Uranus sagte La Lande (Ephem. des Mouv. cèlest. Tome VIII introduct. p.lxxxviij) Le nombre des etoiles de septieme grandeur est si prodigieux, qu'on auroit régard comme impossible et inutile de les observer toutes, et à plusieurs reprises; sela eut été cependant nécessaire pour favoir s'il n'y en avoit pas quelqu'une qui eut un Mouvement, Dies bemerkt La Lande von Sternen der 7 Größe, die Hera erscheint gar wie ein Stern der 8 oder 9 Größe.

denden äußerst kleinen beweglichen, seinen Ort veränderten Lichtpunkt *irgendwo* im unermeßlichen Weltraum aufzusuchen, etwas anderes, einen Trabanten ausspähen, welcher sich nicht nur *immer* in der Nähe seines Hauptplaneten, sondern selbst im Felde des Fernrohres seines Ausspähers befinden muß. Da Prof. *W.* ein guter Mathematiker ist, so berechne er selbst den Grad der Wahrscheinlichkeit und der Möglichkeit einer Trabanten- oder einer solchen Planeten-Entdeckung. Es ist möglich, daß dieser Planet, so wie *Uranus*, schon mehrmahl ist gesehen worden; es ist aber auch möglich, daß er *nicht immer* sichtbar ist. Denn wenn er sich z.B. in seiner größten Erdnähe nur wie ein teleskopischer Stern zeigt, so könnte er wol in seiner größten Entfernung von der Erde unseren stärksten Fernröhren entrückt werden, und ganz verschwinden, welches die Schwierigkeit und den Zufall seiner Entdeckung noch größer macht.

Alle diese Hindernisse konnte man wol zum Theil voraussehen, und es war nur durch einen *Zufall*, oder durch eine *systematische Anordnung* möglich, diesen Planeten unter der zahllosen Menge teleskopischer Sterne aufzufinden. Als ich im J. 1787 in Gotha eine neue Revision des Stern-Himmels vornahm, so hatte ich damahls schon die Aufsuchung dieses Planeten dabey zur Absicht, wozu mich vorzüglich der Durchlauchtigste Stifter des Gothaischen Uranien-Tempels aufmunterte. Ich schränkte mich daher bloß auf die Sterne des Thierkreises ein, und verfertigte mein Zodiacal-Stern-Verzeichnis in gerader Aufsteigung, in der Überzeugung, daß es planmäßig nur auf diesem Wege möglich sey, auf diesen verborgenen Planeten zu stoßen.

Als ich im Herbst des vorigen Jahres das Vergnügen hatte, eine kleine astronomische Reise nach Celle, Bremen und Lilienthal zu machen, und daselbst in lehrreicher Gesellschaft mit den verdienstvollesten und gelehrtesten Deutschen Astronomen einige frohe Wochen zuzubringen, so war die Meinung dieser einsichtsvollen Männer, daß, um dem sich so lange verborgen haltenden Planeten auf die Spuhr zu kommen, es nicht eines, oder ein Paar Astronomen Sache seyn kann, den ganzen Thierkreis bis auf alle teleskopische Sterne zu durchspähen. *Sechs* damahls in Lilienthal versammelte Astronomen stifteten daher den 21 Septbr. 1800 zur systematischen Aufsuchung dieses zwischen Mars und Jupiter vermutheten Planeten eine geschlossene Gesellschaft von 24 practischen, in ganz Europa verbreiteten Astronomen. Sie wählten den Ober-Amtmann *Schröter* zu ihrem Präsidenten, und mir wurde die Ehre und das Vertrauen zu Theil, zum beständigen Secretair dieser astronomischen Gesellschaft ernannt zu werden. Der Plan der Societät war, nebst mehreren anderen Vorschlägen, den ganzen Thierkreis unter die 24 Mitglieder derselben zu vertheilen. Jedes sollte eine, durch Verloosung ihm zugefallene Zone von 15° in der Länge, und von 7 bis 8° nördlicher und südlicher Breite zur Inspection bekommen, und seiner besonders wachsamen Aufsicht empfohlen werden. Jedes Mitglied sollte eine ganz genaue Himmels-Karte bis zu dem kleinsten teleskopischen Stern seines Departements entwerfen, und durch wiederholte Revision am Himmel des unverrückten Zustandes seines Districtes, oder jedes wandernden fremden Gastes sich versichern. Durch eine solche streng organisirte, in 24 Departements abgetheilte Himmels-Polizey hofften wir endlich, diesem, unsern Blicken sich so lange entzogenen Planeten, wenn er anders existirt und sich sichtbar zeigt, auf die Spuhr zu kommen. Im Auftrag dieser Societät hatte ich bereits im Namen derselben an mehrere der berühmtesten practischen Astronomen in Europa Einladungen ergehen lassen, und sie um Beytritt zu diesem gemeinschaftlichen astronomischen Zwecke gebeten. Fast alle hatten ihn mit Vergnügen angenommen[43]. Einige Mitglieder dieser Societät sind bereits in voller Thätigkeit, und haben schon interessante Berichte über ihre Inspection eingesandt, und sollte gleich die Ehre der ersten Entdeckung dieses Planeten unserer aufkeimenden Societät geraubt worden seyn, so ist doch nicht nur der vermuthliche Entdecker desselben in der Zahl der Mitglieder dieser Gesellschaft, an welchen nur Kriegs-Unruhen, Hemmung des Postenlaufes und der Schiffart, uns allein verhindert haben, unsere Einladung gelangen zu lassen, sondern diese Societät hat schon viel, und wird in der Folge noch mehr zur Berichtigung

43 Nur Prof. *Sniadecki* in Cracau und Prof. *Wurm* in Blaubeuern *mußten* ihn verbitten. Der erste, weil die Universität in Cracau aufgehoben wird, und er folglich die Sternwarte verlassen muß. Letzterer wegen Mangel an Instrumenten; allein eine fürstliche Munificenz hob diese Schwierigkeit. Der Herzog von Gotha bewilligte dem Prof. *W.* ein 7füßiges Herschel'sches Spiegel-Teleskop, die Frau Herzoginn eine astronomische Pendeluhr.

unserer Stern-Verzeichnisse beytragen, und da dieß in dem großen Gebiete, worin sich die Sternkunde beschäftiget, nicht der einzige Zweck der Societät ist, so wird solche auch fortgesetzt ihre nützlichen Dienste leisten können.

Im Februar gegenwärtigen 1801 Jahres schrieb *La Lande* aus Paris an mich. *Piazzi*, Astronom in Palermo, habe den 1 Jan. einen sehr kleinen Cometen im Schulterblatt des Stiers entdeckt; er erscheine nur wie ein Stern achter oder neunter Größe, ohne allen Nebel und Schweif. Da aber keine weiteren Angaben seiner Lage und seines Laufes angezeigt wurden, so war ein so kleines Gestirn nicht aufzufinden; in Erwartung bestimmterer Nachrichten achtete ich nicht ferner darauf.

Im April erhielt ich ein Schreiben vom Prof. *Bode* aus Berlin vom 14 desselben Monats, in welchem er die Güte hatte, mir die Nachricht mitzutheilen, daß er ein Schreiben *vom 24 Januar von Piazzi* aus Palermo erhalten habe, worin dieser ihm meldet: daß er den 1 Jan. einen kleinen Cometen in 51° 47' gerad. Aufsteigung und 16° 8' nördl. Abweichung entdeckt habe. Den 11 Jan. sey er von rückgängig wieder rechtläufig geworden, und den 23 Jan. wäre seine ger. Aufsteig. 51° 46' und nördl. Abweichung 17° 8' gewesen. Er hoffte, ihn den ganzen Monat Februar beobachten zu können; er wäre sehr klein, wie ein Stern achter Größe, ohne allen Lichtnebel. Nun fährt Prof. *Bode* in seinem Schreiben also fort: „Mir fiel die Erscheinung und Bewegung dieses angeblichen Cometen gewaltig schon bey Lesung des Briefes auf; ich schrieb also unverzüglich an *Piazzi*, und bat mir die Folge seiner Beobachtungen aus. Unterdessen bis diese erfolgen, kann ich nicht umhin, Ihnen zu melden, daß ich durch eine bekannte und leichte Rechnung gefunden, daß beyde Beobachtungen vom 1 und 23 Jan., so wie der erfolgte Stillstand am 11 Jan. ganz vortrefflich mit der Voraussetzung zutreffen, dies sey kein Comet, sondern vielleicht der zwischen Mars und Jupiter noch bis jetzt unbekannt gebliebene Planet, dessen Abstand zu 2,75 bis 2,80 angenommen. Was sagen Sie dazu? Schlimm ist es freylich, daß die *dritte* Beobachtung fehlt. Allein da der Stillstand so gut mit den angegebenen Orten paßt, so ist mir die Sache sehr interessant geworden. Melden Sie mir doch mit nächster Post nur mit ein Paar Worten Ihre Meinung; ich kann mich irren, und wünsche Belehrung, allein die Zustimmung ist doch so ganz sonderbar.

Kennen Sie etwa schon mehr Beobachtungen von diesem sonderbaren Cometen?"

Gleich nach Durchlesung dieses Schreibens eilte ich, meine alten Rechnungs-Bücher vom J. 1784 und 1785 aufzusuchen, fand, und zeigte sogleich dem gerade beym Empfang des Briefes anwesend gewesenen Prof. *Pasquich*, daß meine schon im J. 1785 provisorisch und aus Analogie berechneten und in dem Berl. astron. Jahrbuch 1789 S. 163 erwähnten Elemente dieser Planeten-Bahn, für dessen Abstand von der Sonne 2,82 und für seine Umlaufszeit 4,74 Jahre oder 4 Jahre 9 Monate angegeben hatten. Prof. *Bode* hatte aus den *Piazzi'schen* Beobachtungen berechnet, Abstand 2,75 und die Umlaufszeit gerade so wie ich aus Analogie gerathen hatte, nämlich 4 Jahre 9 Monate. Ich antwortete hierauf dem Prof. *Bode* sogleich, daß meine vor 16 Jahren schon provisorisch, und mittelst meiner *geträumten* Analogien berechneten zwey Bestandtheile der Bahn dieses so lange verborgen gebliebenen Planeten, welche ich im October 1785, als ich das Vergnügen hatte, diesen würdigen Gelehrten und Freund in Berlin persönlich kennen zu lernen, in einem versiegelten Zettel bey ihm deponirt hatte,[44] vollkommen mit den seinigen, folglich auch mit den *Piazzi'schen* Beobachtungen übereinstimmten, ich daher nicht allein der Meinung sey, der vorgebliche Comet könnte wirklich der so lange gesuchte und fehlende Planet seyn, sondern daß auch *Oriani* in Mailand, von welchem ich ein Paar Tage später ein Schreiben erhalten hätte, ganz derselben Meinung sey, dieser Stern sey ein zwischen Mars und Jupiter gehöriger Planet; *Piazzi* selbst habe schon im Januar, (denn *Piazzi's* Brief an Oriani ist an demselben Tage, wie der an Bode, beyde am 24 Januar geschrieben) dem *Oriani* gemeldet, er halte, (aus sehr guten Gründen, wie man sogleich sehen wird) diesen anfänglich von ihm als Cometen angekündigten Wandelstern für einen wirklichen Planeten. Die Ehre also, diesen Planeten nicht nur *zuerst* entdeckt, sondern auch *zuerst* als Planeten *erkannt* zu haben, kann demnach dem Prof. *Piazzi* nicht wohl streitig gemacht werden. Fast sollte man denken, daß er sich auch die Ehre vorbehalten wolle, welches man dem *ersten* Entdecker dieses Planeten nicht

---

44 Von diesen Elementen der Bahn hatten auch S. D. der *Herzog von Gotha*, *Graf Brühl* in London, der sel. Inspector *Köhler* in Dresden, Wissenschaft.

verdenken darf, die Elemente seiner Bahn *zuerst* berechnet zu haben, indem er eben so sparsam, als unvollständig in Mittheilung seiner Beobachtungen dieses merkwürdigen Weltkörpers ist.
Prof. *Bode* zeigte diese Entdeckung und Vermuthung sofort der K. Preuß. Academie der Wiss. an, ließ die Nachricht in die Berliner Zeitung Nro. 57 vom 12 May, in das Intelligenz-Blatt der Jenaischen Allg. Litt. Zeit. Nro. 90 vom 6 May und in den Hamburgischen unpartheyischen Correspondenten Nro. 76 vom 13 May setzen, woraus sie nachher durch mehrere andere politische Zeitungen ins größere Publicum gekommen ist.
Ein Paar Tage nach Empfang des Briefes des Prof. *Bode*, und noch bevor ich ihm antworten konnte, erhielt ich das Schreiben von *Oriani* aus Mailand vom 7 April, worin dieser mir meldet: „Eben erhalte ich ein Schreiben aus Palermo von *Piazzi*, welches eine Nachricht enthält, die ihre und aller Astronomen Aufmerksamkeit im hohen Grade verdient. Er schreibt, er habe den ersten Januar 1801 in der Schulter des Stiers einen Stern 8 bis 9 Größe beobachtet. Den 2 Jan. fand er diesen Stern *ungefähr* 3' 30" mehr gegen Norden, und *ungefähr* 4 Min. gegen o Aries vorgerückt. Die beyden folgenden Tage, den 3 und 4, fand er *ungefähr* die selben Bewegungen. Den 5, 6, 7, 8 und 9 konnte er ihn nicht wegen bedeckten Himmels beobachten. Er sah den Stern den 10 und 11 wieder, und nachher den 13, 14, 17, 18, 19, 21, 22 und 23 Jan. Vom 10 auf den 11 wurde seine bisher rückgängige Bewegung rechtläufig. Er setzt noch hinzu, daß am ersten Tage der Beobachtung (1 Jan.) seine ger. Aufst. 51°47' und seine Abweichung 16° 8' nördlich war. Den 23 Januar fand er AR 51°46' und nördl. Declin. 17°8'. Er schreibt ferner, daß er diesen Stern zwar anfänglich nur als einen Cometen angekündiget habe, allein da er ihn beständig ohne Lichtnebel, und mit einer sehr langsamen Bewegung beobachtet habe, so sey er mehrmal auf den Gedanken und auf die Vermuthung gekommen, es könnte wol ein Planet seyn. Unglücklicherweise war dieser Brief, der den 24 Januar geschrieben worden war, 71 Tage unter Weges; es war daher schwer, aus *zwey* einzigen Positionen, welche *Piazzi* angegeben hatte, nach einem so langen Zeitraum den Ort dieses neuen wandernden Gestirns zu errathen. Ich habe es inzwischen versucht, den Umstand zu benutzen, daß den 10 Jan. dieses Gestirn von rückläufig rechtläufig geworden ist, und habe in der Voraus-

setzung einer Kreis-Bahn gefunden, daß dessen Entfernung von der Sonne drey Halbmesser unserer Erdbahn seyn müßte, so daß dieses Gestirn wol ein neuer Planet seyn könnte, dessen Bahn zwischen die des Jupiter und des Mars fallen würde. Es ist zu vermuthen, daß die Bahn dieses Planeten, so wie alle andere, eine merkliche Excentricität haben wird45, und folglich muß die Hypothese einer kreisförmigen Bahn, welche ich angenommen habe, unzulänglich seyn, um seine Bewegung und seinen geocentrischen Ort nach einem so langen Zeitraum richtig darzustellen. Wir müssen also die ferneren Beobachtungen *Piazzi's*, welche er wol fortgesetzt haben wird, abwarten. Der Himmel war bey uns, seit dem Empfang von *Piazzi's* Briefe immerfort bedeckt, vielleicht haben Sie einen günstigeren Himmel zu astr. Beobachtungen als wir46. In dieser Überzeugung (*Persuasion*) schicke ich Ihnen hier meine, aus so unvollständigen Beobachtungen, wie Sie selbst sehen, berechneten Elemente der Bahn, woraus Sie den ungefähren Ort des Planeten werden berechnen können. Heliocentr. Länge des Gestirns, Mittags den 31 Decbr. 1800 2 Z 6° 54', heliocentr. Bewegung in Länge in 100 Tagen 18° 19', Länge des aufst. Knotens 3 Z 8° 32'. Neigung der Bahn 3° 50'. Aber wie gesagt, diese Resultate sind sehr großen Zweifeln unterworfen, denn sie gründen sich nur auf zwey unvollständige Beobachtungen, und auf die sehr unzulängliche Hypothese der Kreisbewegung. Inzwischen schmeichle ich mir, daß Ihnen dieser Brief sehr bald zukommen soll, und noch ehe sich das Gestirn in die Sonnenstrahlen verliert; vielleicht sind Sie so glücklich, ihn mit ihren bessern Instrumenten zu finden, und mir genauere Nachrichten davon mitzutheilen" ...

Gleich nach Empfang von *Oriani's* Briefe berechnete ich sofort mit seinen Elementen den Ort des Planeten, und suchte ihn, in verschiedenen heitern Abenden am Himmel auf, allein leider kam die Nachricht schon zu spät; dieses kleine Gestirn war bereits zu nahe an die Sonne gerückt, so daß es ganz in ihre Strahlen, und in die

45 Nach meinen *Träumereyen* eine sehr starke, und zwar 0,14, die stärkste nach jener des Mercur. Die Zeit wird bald lehren, ob ich ein guter Raths-Herr war.

46 Am Fuß des Thüringer Waldes! zwey hundert pro Cent schlechter als in Mailand! Wie schlecht war mein Freund von unserem immerwährenden Aprilwetter unterrichtet. In Gotha herrscht die Sage, daß man nie, auch beym schönsten und heitersten Wetter ohne Mantel oder Regenschirm ausgehen müsse.

Dünste des Horizonts versenkt seyn mußte. Auch hatte ich nachher gefunden, daß *Oriani* in der großen Eile und Begierde, mir seine Nachricht so geschwinde als möglich zukommen zu lassen, sich in der Berechnung dieser vorläufigen Elemente (wie ich nachher fand) insonderheit in dem õ, und in der Neigung der Bahn, geirrt haben müßte. Allein auch ohne diesen Irrtum würde ich diesen kleinen Wandelstern dennoch nicht gefunden haben, da, als ich die Nachricht erhielt, die Dämmerung schon zu stark und der Stern zu nahe am Horizont seyn mußte, um eine so unbestimmte Aufsuchung möglich zu machen. Auch Professor *Bode* hatte ihn, wie er mir unterm 12 May schrieb, mehrere Abende vergebens aufgesucht.

Da nun keine Hoffnung weiter übrig blieb, diesen sonderbaren und merkwürdigen Himmelskörper bis zu seiner Zurückkunft von der Sonne im künftigen August oder September zu beobachten, so machte ich mich indessen an die Berechnung seiner Bahn, so gut es sich mit so unvollständigen und so unvollkommenen Beobachtungen, wie die wenigen angegebenen waren, thun ließ, nicht in der Absicht, um den Planeten nach 2 oder 3 Monaten wieder aufzufinden, wenn er von der Sonne wieder zurückkehrt, denn bis dahin hoffe ich, daß uns *Piazzi* und seine im Febr. März, April fortgesetzten Beobachtungen bessere und bestimmtere Aufschlüsse und Anweisungen geben sollen, sondern bloß um vor der Hand einige Vermuthungen über die wirkl. Existenz eines zwischen Mars und Jupiter befindlichen Planeten mit etwas mehr Grund wagen zu können.

Piazzi's angezeigte Beobachtungen sind zur Berechnung einer Bahn theils unvollständig, theils unzulänglich. 1) Seine *zwey* Beobachtungen, die man kennt, sind nur auf ganze Minuten, also wahrscheinlich nur *ungefähr* angezeigt. 2) Zur Berechnung einer Planeten- oder Cometen-Bahn sind wenigstens *drey* Beobachtungen erforderlich, 3) Die Zeiten der Beobachtungen sind dabey nicht angegeben. Beym ersten kann man annehmen, daß wenigstens die *nächste* Minute der Beobachtung richtig angegeben sey. Was die zweyte Schwierigkeit betrifft, so hat vielleicht *Piazzi*, wie wir oben schon die Vermuthung geäußert haben, die dritte Beobachtung absichtlich zurückbehalten, weil er die Bahn dieses Planeten (denn für eine solchen hielt er ihn doch schon vor dem 24 Jan.) vielleicht selbst zuerst berechnen wollte. Allein, wenn dies der Fall war, so verrieth er doch gewissermaßen eine dritte Beobachtung, indem er den Umstand anführt, daß der Planet vom 10 zum 11 Januar zum Stillstand kam. *Oriani* und *Bode* wußten diesen Umstand zu benutzen, und ich bediente mich eben desselben, um eine genäherte Bahn dieses Planeten aus diesen kärglichen Beobachtungen zu rechnen. Der dritten Schwierigkeit war vermittelst folgender Conjecturen zu begegnen:

Piazzi ist, wie wir alle wissen, mit Verfertigung eines großen Stern-Verzeichnisses beschäftiget. Das Glück ist ihm also zu Theil geworden, worauf ich bey Verfertigung meines Stern-Verzeichnisses gehofft, und worauf es die *Lilienthaler* astronomische Gesellschaft planmäßig angelegt hatte, und der Planet würde ihr gewiß nicht entgangen seyn, wenn *Piazzi* ihr nicht zuvorgekommen wäre[47] *Piazzi* ist auf seiner Sternwarte mit einem vortrefflichen Passagen-Instrument und einem ganzen Mittagskreis von Ramsden versehen, womit er ohne Zweifel auf diesen kleinen Wandelstern gestoßen ist. Dieses Gestirn mußte den 1 Jan., am Tage der Entdeckung, ungefähr um 9 Uhr Abends culminiren; in dieser Jahreszeit und um diese Stunde ist in Palermo vollkommene Nacht, und *Piazzi* konnte daher diesen kleinen Stern 8 – 9 Größe sehr wohl am Mittags-Fernrohr beobachten. Es war zwar Vollmond, und der Mond stand schon seit drey Stunden über dem Horizont von Palermo, und es mußte daher eine sehr helle Nacht seyn. Allein der Mond stand doch noch über vier Stunden oder gegen 68° von dem Stern entfernt. Ja selbst dieser Umstand erhebt meine Vermuthung bis zur Gewißheit, daß *Piazzi* diesen angeblichen Cometen nicht aus freyer Hand, etwa mit einem Cometensucher, sondern mit seinen Meridian-Instrumenten aufgefunden haben mußte. Die oben angeführten geraden Aufsteigungen des Wandelsterns in Zeit verwandelt waren folglich dessen Culminationszeiten in Sternzeit; diese habe

47 Es war auch ein wahres Glück, daß *Piazzi* diesen Stern gerade an diesem Tage beobachtet hatte, denn wäre er nur 8 Tage später auf ihn gestoßen, so wäre es möglich gewesen, daß er ihm entgangen wäre, denn da dieser Wandelstern in dieser Zeit zum Stillstand kam, so wäre er aus der Beobachtung des folgenden Tages seine eigene Bewegung nicht gewahr geworden. Es wäre darauf angekommen, ob *Piazzi* Sterne von der 8-9 Größe mehr als ein Paar mahl beobachtet, um sie zu bestimmen. Ein sonderbarer Zufall ist doch auch, daß dieser neue Planet, wenn er sich bestätigen sollte, so wie vor 20 Jahren und vor 110 Jahren der Uranus gerade in demselben Sternbilde des Stiers ist entdeckt und gesehen worden.

ich hinwieder in mittlere Sonnenzeit verwandelt, und so die wahren Momente der Beobachtungen dieses Gestirns herausgebracht. Damit, und mit der Schiefe der Ekliptik 23° 28' 10" habe ich mir folgende Data zur Berechnung der Bahn verschafft. [1Z = 1 Zeichen = 30°]

1801	mittl. Zeit in Palermo	Länge geoc Plan.	Breite geoc. südlich	Ort der Sonne +20"	Log. Dist. Sonne-Erde
1 Jan	8^U43'15"	1^Z23°29'40"	2°37' 5"	9^Z11° 1'40"	9.9926158
23 -	7^U16'41"	1^Z23°43'40"	1°38'50"	10^Z 3°22'28"	9.9932351

Da das Gestirn den 10 Jan. zum Stillstand kam, so fand ich des Planeten Elongation für diesen Augenblick 7Z26° 41' 41", und vermittelst des *Keil*'schen Lehrsatzes, daß die Tangente der Elongation gleich ist dem Halbmesser der Bahn, dividirt durch die Quadrat-Wurzel dieses Halbmessers + 1, diesen Halbmesser selbst = 3,071, und damit vermöge des *Kepler*'schen Satzes die Umlaufszeit $(3{,}071)^{3/2}$ = 5,3817 Jahre. Nach bekannten Methoden fand ich ferner nachstehende genäherte Elemente der Kreis-Bahn:

Epoche der mittl. heliocentr. Länge für Anfang 1801	2^Z	6°	55'	40"
Länge des aufsteigenden Knotens	1	25	43	44
mittlere jährliche Bewegung	2	6	54	25
Neigung der Bahn		6	14	0

Halbmesser der Kreis-Bahn 3,071
Synodische Umlaufszeit 5,3806 Jahre.

Wenn man diese Elemente etwas näher betrachtet und vergleicht, so ist höchst auffallend und merkwürdig, daß Abstand und Umlaufszeit dieses *Piazzi*'schen Gestirns gerade dieselben des berühmten Cometen von 1770 sind, dessen Berechnung den Astronomen so viel zu schaffen gegeben hat, und dessen Lauf *Lexell* nicht anders, als in einer Ellipse von 5½ Jahre darstellen konnte. Auch *Pingré* fand seinen Abstand = 3,09 und die Umlaufszeit 5,4 Jahre[48]. *Burckhardt*, welcher erst kürzlich den Preis über diese wiederholt aufgegebene Untersuchung[49] bey dem National-Institut in Paris

48 Cométographie, Part II p. 89
49 *A.G.E.* III B. S. 432.

davon getragen hat,[50] konnte nach neu hinzugekommenen Beobachtungen diesen sonderbaren Weltkörper gleichfalls in keine andere als in eine elliptische Bahn von 5½ Jahren beugen. Wäre etwa der Comet von 1770 der so lange verborgen gebliebene Planet? Oder ist das *Piazzi*'sche Gestirn vielleicht der Comet von 1770? In beyden Fällen, der Weltkörper sey Planet oder Comet, warum ist er nicht öfters gesehen, und längst entdeckt worden? Der Ursachen, wovon wir oben schon einige angeführt haben, können mancherley seyn. Allein, um auch nur bey einer möglichen und hinlänglichen Erklärungsart stehen zu bleiben, so lese man nur des Ob. Amtmann *Schröter* eben erschienenen in physikalischer Rücksicht angestellten Beobachtungen des Cometen von 1799, in seinem III Bande der *Beyträge zu den neuesten astronom. Entdeckungen*. Man wird darin die sonderbarsten Erscheinungen von den zufälligen veränderlichen Modificationen der die Cometen umgebenden Lichtnebel, so wie der bekannten Atmosphären der Planeten, und selbst der Sonne, bis zur Evidenz erklärt finden. In dem, den Cometen von 1799 umgebenden Lichtnebel beobachtete der Ob. Amtm. S. nicht nur zufällige, sondern auch *schleunige* ganz unverhältnismäßig große Veränderungen, sowol in der Extension, als in dem Licht dieser Photosphäre. Dr. *Herschel* legte erst kürzlich der K. Londoner Societät der Wiss. eine Abhandlung über den Naturbau der Sonne vor, worin dieser große Astronom die Sonnenflecken durch einen elastischen nicht-leuchtenden *Gaz* erklärt, welcher sich auf der Oberfläche des opaken Sonnenkörpers entwickelt, das ihm umgebende leuchtende Fluidum, oder die Photosphäre zertheilt, wodurch es dann geschieht, daß wir Theile des dunklen Körpers, welche wir für Flecken halten, erblicken können.

Könnte es daher nicht geschehen, daß wir zu einer Zeit Weltkörper sehen, die uns zu einer andern Zeit verschwinden? Wir kennen ja dergleichen mehrere, die einen periodischen Lichtwechsel von verschiedener Dauer haben, wie z.B. die vielen veränderlichen Sterne (*Stellae mirabiles*). Was ist denn aus dem berühmten Tycho'nischen Stern in der Cassiopeja vom J.1572 geworden, der auf einmahl so helle wie Sirius glänzte, und selbst die Venus und den Jupiter in ihrer Erdnähe an Glanz übertraf, so daß man ihn bey

---

50 *M.C.* III B. S. 207

hellichtem Tage mit bloßen Augen sehen konnte, und der nach zwey Jahren ganz und gar verschwand, seit welcher Zeit man nicht die geringste Spuhr mehr von ihm finden konnte. Man findet in alten Chroniken, daß zu Zeiten des Kaisers Otto I ungefähr um das J. 945, und auch im J.1264[51], sich gleichfalls zwischen der Cassiopeja und dem Cepheus ein neuer, und zugleich unbeweglicher Stern soll gezeigt haben. Einige Astronomen sind hiernach auf die Vermuthung gekommen, daß es der Stern von 1572 gewesen, der etwa nur alle 300 Jahre erscheine[52]. Was hat es denn mit dem eben so berühmten, von *Kepler* 1604 im Fuß des Schlangenträgers entdeckten Stern für eine Beschaffenheit, der auf einmahl so helle ward, daß er die Sterne der ersten Größe an Glanz übertraf, im folgenden Jahre völlig unsichtbar wurde, und sich seitdem nicht wieder zeigte? Was sind dann *Herschel's* planetarische Nebelflecke? Fand nicht *Schröter*[53], daß ganze große Lagen von Lichtnebel aus dem Himmel verschwunden waren! Was sind denn unsere großen Feuer- und Glanzkugeln, die mit einer Geschwindigkeit, welche viele hundertmahl den Flug einer Kanonenkugel übertrifft, vorüberziehen, leuchten, zerplatzen und verschwinden? Es scheint ausgemacht zu seyn, daß es Körper des Weltraums, nicht unseres Dunstkreises sind. Dies glaubte schon *Montanari*[54] 1676, der in seiner *Fiama volante*[55] eine solche, in diesem Jahr in ganz Italien gesehene Feuerkugel 40 Meilen hoch berechnete. Welchem unserer Leser ist die im J. 1783 durch ganz Europa gesehene und ziemlich gut beobachtete große Feuerkugel nicht in frischem Andenken. Dieser ungeheure Feuerkörper wurde von Englischen Astronomen und Naturforschern 60 Englische Meilen hoch, 1 1/6 Meile im

---

51 Leovit apud Tychon, Lib. I S. 441. Licet. Lib. V cap. XII.

52 Man sehe *La Place's* Hypothese hierüber, in seiner *Exposit. du système du monde* Liv.5 chap. S. 347 An VII. Die einzige rechtmäßige vom Verfasser anerkannte Ausgabe in Quart.

53 IIIB. der Beyträge S. 232.

54 Auch die Astronomen *Halley* und *Hevel* hielten sie für cosmische Körper.

55 La Fiamma volante, gran Meteora veduta sopra l'Italia la sera de 31 Marzo 1676 speculazioni fisiche et astronomiche espresse dal Dott. Geminiano Montanari ... in una lettera all Ill. Ecc. Sgr. Marchese Federico Gonzaga ..... Bologna 1676. 95 Seiten 4. Ein sehr seltenes Werk, welches ich der Güte des Hofr. Blumenbach zu verdanken habe, und welches dem Dr. Chladni, der so fleißig darüber gesammelt hat, nie zu Gesichte gekommen ist.

größten Durchmesser, berechnet. Er muß den Durchmesser der Erde in 7 Minuten durchlaufen haben.
Warum sollten nicht auch Cometen zu gewissen Zeiten leuchtend, zu andern dunkel sey können? Der Comet von 1770 könnte daher immerhin, bald im opaken, bald im phosphorescirenden Zustande existiren. Vielleicht läßt sich auch daraus, und aus der Störungs-Herrschaft der größeren und dichteren Weltkörper die Seltenheit ihrer Rückkehr erklären. Sie kommen wieder, wir sehen sie nicht; sie sind da, und wir erkennen sie nicht. Aus der Identität der Elemente der Bahn eines Weltkörpers auf die Identität des Weltkörpers selbst zu schließen, ist ohnehin, wie alle Astronomen wissen, nur eine im hohen Grade wahrscheinliche[56], unter 91 berechneten Cometen nur durch einen einzigen[57] bisher bestätigte Hypothese, die direct allerdings wahr seyn kann, aber nicht *umgekehrt. Zwey Cometen, die nicht identische Elemente der Bahn haben, könnten doch derselbe Weltkörper seyn*. Dies hat freylich, meines Wissens, noch niemand *explicite* behauptet, aber *implicite* hat es *Lexell* schon gesagt, als man ihm wegen seiner 5 jährigen elliptischen Bahn des Cometen von 1770 die Einwendung machte, warum denn dieser Comet von einer so kurzen Umlaufszeit nicht schon vor langer Zeit und öfters ist gesehen worden? *Lexell* war nämlich der Meinung, und wahrscheinlich war es auch sein großer Lehrer Euler, unter dessen Augen er arbeitete, daß die Einwirkungen und Störungen des ungeheuern Jupiter, bey welchem dieser Comet den 27 May 1767 und den 23 August 1779 sehr nahe vorbey ging, *seine Bahn ganz und gar umgeändert haben konnte*[58]. Derselben Meinung ist auch Burckhardt in seiner Preisschrift über diesen seltsamen Weltkörper.
Allein wie schreckend ist schon der bloße Gedanke, die Störungen eines solchen Weltkörpers berechnen zu wollen! Würde ein solches Unternehmen nicht die Kräfte unserer Analyse übersteigen? Die so schwierige Theorie des Mondes würde nur ein Elementar-Calcul gegen die eines Weltkörpers von solch' veränderlicher Bahn seyn. Es wäre zu wünschen, daß eine so auffallende Erscheinung auch

---

56 *M.C.* III B. S. 414.

57 Den sogenannten *Halley'schen* Cometen, dessen fünfte und letztbeobachtete Rückkehr im Jahr 1759 geschah, und im J.1835 wieder erscheinen wird.

58 "Mr. Lexell pense, que son orbite peut avoir *été totalement changée par l'action de Jupiter.*" Pingré Comètograph. Part. II p. 90. Vergl. Mém. de Paris 1776 S. 648 und f.

ein solches Bedürfniß hervorbrächte, um unserem Perturbations-Calcul eine neue Richtung zu geben, daß die Theorie der so sehr complicirten Approximationen noch mehr vervollkommnet, und daß der Einfluß der successiven Integrationen auf die vernachlässigten Größen besser und genauer bestimmt würden. Allein der Geometer, der alle Coordinaten der Bewegung jedes Weltkörpers in schnell approximirenden Reihen von Sinus und Cosinus der Winkel, die von seiner wahren Bewegung abhängen, darstellen könnte, ist vielleicht kein Wesen unseres Erdballs.

Daß der Comet vom J. 1770 kein Planet seyn konnte, dagegen werden manche den Beweis in dem Nebelschweif finden wollen, den dieser Weltkörper, zu Folge *Messier's* ausführlicher Beobachtungen[59] gehabt hat. Aber ist es denn erwiesen, daß Planeten keinen Schweif haben können und dürfen? Wir haben Planeten mit Trabanten, und einige ohne dieses Gefolge. Wir haben Planeten mit zwey und mit mehrern Ringen. Warum sollte es nicht auch einen Planeten mit einem Schweife geben? um auch ansichtlich zu beweisen, daß Cometen nichts anderes als Planeten sind. Diese Verschiedenheit der Benennung kömmt aus den Zeiten der Unwissenheit, und muß heut zu Tage nur in dem Sprachgebrauch existiren, um etwa diejenigen Weltkörper, deren Erscheinung von kurzer Dauer ist, und die nicht durch ihre ganze Bahn sichtbar bleiben, von denjenigen, die immer sichtbar sind[60], wenn sie nicht bey der Sonne stehen, zu unterscheiden. Selbst der Umstand, der sonst nur den Cometen eigen zu seyn schien, daß einige darunter sich *rückläufig* bewegen, da alle Planeten *rechtsläufig* gehen, ist nur scheinbar. Man sehe die Erklärung, die *La Place* und *La Lande* hiervon, bey Gelegenheit der rückgängigen Uranus-Trabanten, in meinen *A.G.E. II B. S. 170 u. 259* gegeben haben.[61] *La Lande* sagt: „Das Wort rückgängig imponirt durch seinen Ausdruck, in der Wirklichkeit ist es nichts“. Schon *Kant* muthmaßte im J. 1755 in seiner *Allg. Nat. und Theorie des Himmels* S. 58 der Original-Ausgabe, daß die rückgängige Bewegung einiger Cometen nur eine optische

59 Mém. de Paris 1776 S. 597

60 Vielleicht ist es der neue Planet in seiner Erdferne nicht, wie wir schon oben gesagt haben.

61 Man sehe auch, *La Place's* Exposit. du Système du Monde S. 342.

Täuschung wie jene bey der geocentrischen Bewegung der Planeten seyn könnte.
Jeder neu entdeckte Gegenstand muß auch eine neue Benennung erhalten. Ein Name ist an sich freylich keine Sache von großer Bedeutung. Inzwischen wir haben beym Uranus gesehen, wie schwer es hielt und noch hält, bey gemeinschaftlich anzuerkennenden Benennungen alle Stimmen, von der Themse bis zur Newa, zu vereinigen. Ist das neue von *Piazzi* entdeckte Gestirn wirklich der vermuthete, und zwischen Mars und Jupiter befindliche Hauptplanet; so hat ihn schon vor 15 Jahren ein großer und durchlauchtiger Beschützer und Beförderer der Sternkunde, der Stifter des Uranien-Tempels zu Seeberg, mit einem, wie mich dünkt, sehr schicklichen und auch glücklichen Namen belegt. Der Uranus hat uns nun einmahl ein verstärktes Recht gegeben, der Gleichförmgkeit willen, auch den Namen dieses neuen Planeten, so wie der ältern, aus der Mythologie zu nehmen. Der Herzog von Gotha schlug daher den Namen *Hera* [...] vor, welcher Göttinn die Römer den Namen *Juno* beylegten, Tochter des Saturnus, Schwester und Gemahlinn des Jupiter[62]. So hätte Jupiter seine Eltern und Vorfahren über sich, seine Gemahlinn und Kinder unter sich. Der Griechische Name Hera ist auch dem Lateinischen Namen Juno vorzuziehen; weil 1) dieser letzte schon dem Planeten Venus ist beygelegt worden. *Plinius*, in seiner *Histor. nat.* Lib. II. C. VI sagt: *Infra Solem ambit ingens Sidus, appellatum Veneris ..... Alii enim J u n o n i s , alii Isidis, alii matris Deum appellavere. St. Augustinus, de civitate Dei Lib.* VII Cap. XV. nennt die Venus *Stellam Junonis. L. Apulejus, de Mundo* p. 252 (Edit. Bipont.) *Junonia, immo Veneris Stella censetur. Hera* ist immer in Wolken gehüllt; unser Planet hielt sich auch sehr lange verborgen. Selbst dann wird dieser Name noch passend bleiben, wenn dies neue Gestirn *nicht* der vermuthete Planet seyn sollte; wir würden nur die *Wolken,*[63] *statt der Göttinn umfaßt haben.* 2) *Hera* ist zugleich der Name einer Stadt in Sicilien, wodurch das Andenken der auf dieser Insel gemachten Entdeckung, und der ruhmvolle Name des Entdeckers dieses ach-

62 Sonst auch *Saturnia* genannt. Anfänglich hatte der Herzog *Rhea* vorgeschlagen, Gemahlinn des Saturnus; allein dieser Name wird schon der Erde beygelegt.

63 *Nubes et inania captare,* wie Horaz sagt.

ten Hauptplaneten erhalten und verewigt würde, so lange Tradition und Geschichte auf unserem Erdball seyn werden. Die Stadt *Hera* so wie Palermo an der Küste von Sicilien gelegen, wird sonst auch *Hybla minor* genannt, und ist dieselbe, von der *Pausanias*, in *Eliacis* Lib. VI Cap. VI; *Cicero* in seinen Briefen ad Atticum II. 1 spricht, und die im *Itinerario Antonini* vorkommt. Endlich ist auch *Hera* die Mutter des Vulkan, der seine Werkstatt in dem feuerspeyenden Berge *Aetna* dieser Insel hat. [...]

Abb. 18 Die Seeberg-Sternwarte vor 1840 (aus A. Schiffner. Beschreibung von Sachsen... Stuttgart 1840, nach S. 686)

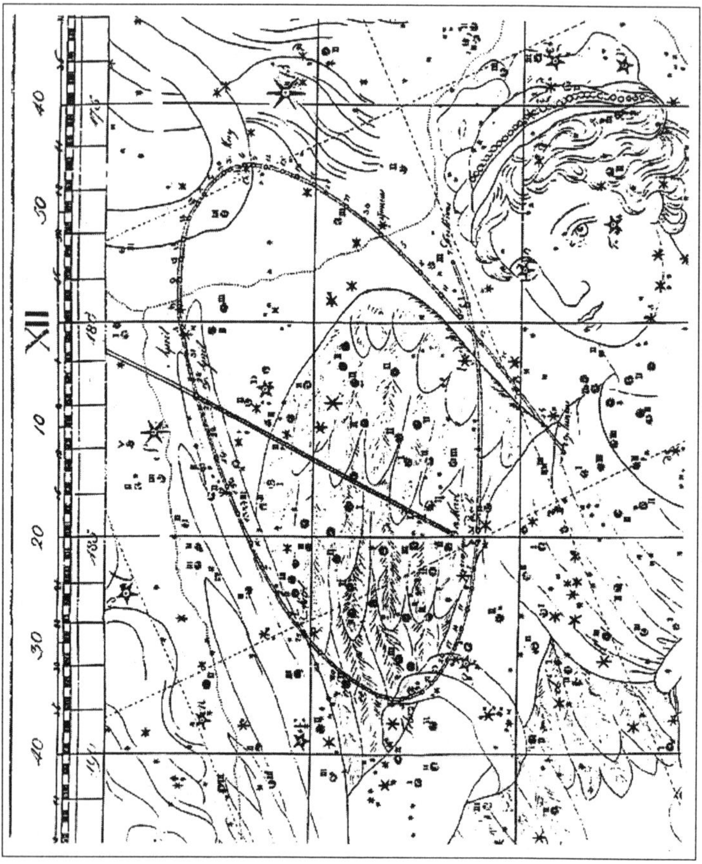

Abb. 19 Oppositionsschleife der Ceres zur Zeit der Wiederentdeckung durch Zach (oben rechts 7. Decbr. 1801) Ausschnitt aus einer Sternkarte in MC 5 (1802) nach S. 504.

Makariens Eigenheiten

Quelle: Goethe [21] S. 128, 455ff.

„Ein wunderbarer Traum", fuhr er fort, „einige Worte des ernsten Himmelskundigen, ein abgesondertes, verschlossenes Fach in den zugänglichen Schränken, mit der Inschrift: *'Makariens Eigenheiten'*, diese Veranlassungen gesellen sich zu einer innern Stimme, die mir zuruft, die Bemühung um jene Himmelslichter sei nicht etwa nur eine wissenschaftliche Liebhaberei, ein Bestreben nach Kenntnis des Sternenalls, vielmehr sei zu vermuten: es liege hier ein ganz eigenes Verhältnis Makariens zu den Gestirnen verborgen, das zu erkennen mir höchst wichtig sein müßte..."
[...]
Solange sie die Anschauungen geheimhielt, gehörte viel dazu, sie zu ertragen; was sie davon offenbarte, wurde nicht anerkannt oder mißdeutet, sie ließ es daher in ihrem langen Leben nach außen als Krankheit gelten, und so spricht man in der Familie noch immer davon; zuletzt aber hat ihr das gute Glück den Mann zugeführt, den ihr bei uns seht, als Arzt, Mathematiker und Astronom gleich schätzbar, durchaus ein edler Mensch, der sich jedoch erst eigentlich aus Neugierde zu ihr heranfand. Als sie aber Vertrauen gegen ihn gewann, ihm nach und nach ihre Zustände beschrieben, das Gegenwärtige ans Vergangene angeschlossen und in die Ereignisse einen Zusammenhang gebracht hatte, ward er so von der Erscheinung eingenommen, daß er sich nicht mehr von ihr trennen konnte, sondern Tag für Tag stets tiefer in das Geheimis einzudringen trachtete.
[...]
Er ist ein Mathematiker und also hartnäckig, ein heller Geist und also ungläubig; er wehrte sich lange, bemerkte jedoch, was sie angab, genau, suchte der Folge verschiedener Jahre beizukommen, wunderte sich besonders über die neuesten, mit dem gegenseitigen Stande der Himmelslichter übereintreffenden Angaben und rief endlich aus: „Nun warum sollte Gott und die Natur nicht auch eine lebendige Armillarsphäre, ein geistiges Räderwerk erschaffen und einrichten, daß es, wie ja die Uhren uns täglich und stündlich lei-

sten, dem Gang der Gestirne von selbst auf eigne Weise zu folgen imstande wäre?“

[...]

Dagegen entstanden Zweifel und Irrungen, weil die Schauende ein und das andere Gestirn andeutete als gleichfalls in dem Zodiak erscheinend, von dem man aber am Himmel nichts gewahr werden konnte. Es mochten die damals noch unentdeckten kleinen Planeten sein. Denn aus andern Angaben ließ sich schließen, daß sie, längst über die Bahn des Mars hinaus, der Bahn des Jupiter sich nähere. Offenbar hatte sie eine Zeitlang diesen Planeten, es wäre schwer zu sagen in welcher Entfernung, mit Staunen in seiner ungeheuren Herrlichkeit betrachtet und das Spiel seiner Monde um ihn her geschaut; hernach aber ihn auf die wunderseltsamste Weise als abnehmenden Mond gesehen, und zwar umgewendet, wie uns der wachsende Mond erscheint. Daraus wurde geschlossen, daß sie ihn von der Seite sehe und wirklich im Begriff sei, über dessen Bahn hinauszuschreiten und in dem unendlichen Raum dem Saturn entgegenzustreben. Dorthin folgt ihr keine Einbildungskraft, aber wir hoffen, daß eine solche Entelechie sich nicht ganz aus unserm Sonnensystem entfernen, sondern, wenn sie an die Grenze desselben gelangt ist, sich wieder zurücksehnen werde, um zugunsten unserer Urenkel in das irdische Leben und Wohltun wieder einzuwirken.

Quelle: MC 7 (1803) 148

*

Über die
vom Himmel gefallenen Steine.
Von
Dr. *Olbers* in Bremen.

Sie haben, mein verehrungswürdigster Freund, durch den O.A.R. *von Ende* erfahren, daß ich schon im J. 1795 in einer im Museum zu Bremen über den sogenannten Steinregen zu *Siena* gehaltenen Vorlesung dieselbe Idee geäußert habe, die ich nun mit so vielem Vergnügen auch in dem Briefe des Senateurs *La Place* lese, der in der M.C. abgedruckt ist.[64] „Es sey nämlich nicht ganz unmöglich, daß zuweilen schwere Massen von andern Weltkörpern, besonders vom Monde, auf unsere Erde geschleudert werden können". Sie verlangen darüber eine etwas umständlichere Erklärung, die ich Ihnen hier vorzulegen die Ehre habe.
[Es folgen einfache analytische Rechnungen und als maximale irdische Geschwindigkeiten werden die von vulkanischen Massen mit fünffacher Kanonenkugelgeschwindigkeit angenommen ≈ 10 000 Fuß/Sekunde. Das ist noch klein gegen die Entweichgeschwindigkeit 35 000 Fuß/Sekunde von der Erde.]
Man kann es deswegen als ganz unmöglich ansehen, daß jemahls schwere Körper ganz von der Erde weggeschleudert werden sollten.
[...]
Diese 7780 Fuß sind also das *Minimum* der Geschwindigkeit, mit welcher unter unsern Voraussetzungen ein vom Monde geworfener Körper auf die Erde fallen könnte. Überhaupt erhellet aus obigen Untersuchungen, daß, wenn schwere Massen auf dem Monde mit einer verticalen Geschwindigkeit von 7800 bis 8000 Fuß ausgeworfen werden, unter gewissen Umständen einige dieser Massen die Erde erreichen und auf sie niederfallen können. Eine solche Geschwindigkeit scheint mir sehr gedenkbar. Die Oberfläche des Mondes zeugt auch noch jetzt durch die dort neu entstehenden Crater von gewaltsamen Explosionen, wodurch vielleicht zuweilen

64 M.C. Sept. 1802. S. 177.

einigen Auswürfen derselben eine solche, wo nicht noch eine größere, Wurfgeschwindigkeit mitgetheilt werden kann.
Es scheint also nicht ganz unmöglich, daß die Steine oder Massen, die man aus der Luft hat herabfallen sehen, und die von allen mineralischen Körpern unserer Erde so sehr verschieden, unter sich aber so ähnlich sind, aus dem Monde hervorgeschleudert seyn können. Eben in der großen Ähnlichkeit und Übereinstimmung dieser Massen unter sich wird man vielleicht noch einen Grund für diese Meinung finden. Denn diese Ähnlichkeit dieser Steine unter sich, diese auffallende Übereinstimmung ihrer Textur und Bestandtheile deutet offenbar auf gleichen Ursprung, auf gleichen Geburtsort. Wenn man mit *Halley* und *Chladni* annehmen will, es gäbe im Weltraume außer den großen Weltkörpern noch unzählige kleine Massen, die sich so lange in Kegelschnitten bewegen, bis sie irgend einem Planeten zu nahe kommen, in die Atmosphäre desselben gerathen, sich darin entzünden, zerspringen, und auf ihn niederfallen: so ist es schwer zu erklären, warum eben alle diese im Weltraume zerstreuten Massen bloß aus Eisen, Nickel, Kieselerde und Talkerde bestehen sollten, welches nach *Howard's* schönen Untersuchungen die einzigen Bestandtheile aller vom Himmel gefallenen Massen sind.
Allein von der andern Seite wird es doch große Schwierigkeiten haben, wenn man im Ernst jene aus der Luft gefallenen Steine als vom *Monde* hergeschleudert ansehen will. Bey obigen Rechnungen haben wir auf die Bewegung des Mondes um die Erde keine Rücksicht genommen. Wegen der Bewegung des Mondes hat der von ihm ausgeworfene Körper außer der Wurfgeschwindigkeit auch noch die Geschwindigkeit, die der Mond selbst nach der Richtung der Tangente seiner Bahn hat. Ziehen wir diese mit in Betrachtung, so erhellet, daß die schweren Körper, die vom Monde aus mit einer Geschwindigkeit von fast 8000 Fuß und drüber ausgeworfen werden, so bald sie sich weit genug vom Monde entfernt haben, um von diesem ungleich weniger angezogen zu werden, als von der Erde, einem mehr oder weniger vom Monde perturbirten Kegelschnitt um die Erde beschreiben werden. Diese Kegelschnitte können nach der verschiedenen Richtung und Wurfgeschwindigkeit Hyperbeln oder Ellipsen seyn. Um auf die Erde zu fallen, muß es

eine Ellipse[65] von solchen Dimensionen seyn, daß das Perigeum derselben innerhalb des Erdkörpers, wenigstens innerhalb der Atmosphäre der Erde fällt. Dazu gehört aber ein sehr bestimmtes Verhältnis der Richtung und Wurfgeschwindigkeit des schweren Körpers, und es können also nur sehr wenige der Massen, die der Mond etwa ausschleuderte, auf die Erde fallen. So müßte der Mond nach und nach eine große Verminderung seiner Masse erleiden; denn er müßte sehr viele Steine ausschleudern, damit nur zuweilen einige davon auf die Erde fallen könnten. Und würden dann nicht unzählige andere solche schwere Theilchen als kleine Trabanten um die Erde laufen? Müßten diese nicht zum Theil in unsern lichtstarken Teleskopen sichtbar werden, da wir wissen, daß Feuerkugeln oft von beträchtlicher Größe sind, und die Beobachtungen der *Ceres* und *Pallas* uns gezeigt haben, daß wir von der Sonne erleuchtete Körper noch unter außerordentlich kleinen scheinbaren Durchmessern sehen können. Oder sind vielleicht diejenigen Sternschnuppen, die offenbar kosmischen Ursprungs sind (gewiß sind die Sternschnuppen unter sich wesentlich verschieden), solche kleine Erdtrabanten? Gehört der kleine matt glänzende Lichtpunct, den unser vortrefflicher *Schröter* einst im Schlangenträger durch das Feld seines Fernrohrs streichen sahe, vielleicht auch hierher? Diese Schwierigkeiten, anderer aus der speciellen Untersuchung aller Umstände beym Herabfallen jener Steine herrührenden nicht einmahl zu erwähnen, scheinen mir sehr wichtig und schwer zu heben.

Ich bin also noch gar nicht der Meinung, daß die zu Zeiten aus der Luft fallenden Steine als Auswürfe von *Monds-Vulcanen* anzusehen sind, und eben so wenig will dieß der große *La Place* behaupten. Seine und meine Absicht war nur, die Physiker bey ihren Nachforschungen über diesen sonderbaren und merkwürdigen Gegenstand, der sie noch lange beschäftigen wird, auch an die Möglichkeit eines *selenitischen* Ursprungs jener Massen zu erinnern. Gewiß wird mit mir jeder Liebhaber der Naturkunde wünschen, daß es dem scharfsichtigen *Chladni* gefallen möge, uns bald mit einer

---

65 Es würde eine ganz ungeheure Wurfgeschwindigkeit dazu gehören, wenn ein vom Monde ausgeworfener Körper in einer Hyperbel die Erde treffen sollte.

neuen Ausgabe seiner berühmten Schrift[66] über die Sibirische Eisenmasse zu beschenken, zu der es ihm nach *Benzenberg's* und *Brandes* Beobachtungen über die Sternschnuppen, nach *Howard's* chemischen Untersuchungen, und nach so vielen neuern dahin gehörigen Ereignissen an wichtigen Zusätzen nicht fehlen kann.

*

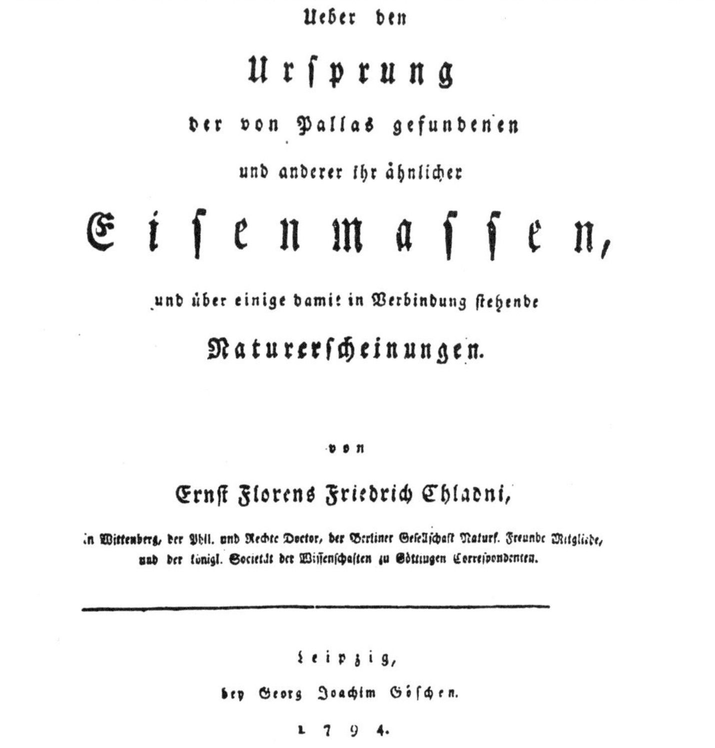

Ueber den

Ursprung

der von Pallas gefundenen

und anderer ihr ähnlicher

Eisenmassen,

und über einige damit in Verbindung stehende

Naturerscheinungen.

von

Ernst Florens Friedrich Chladni,

in Wittenberg, der Phil. und Rechte Doctor, der Berliner Gesellschaft Naturf. Freunde Mitgliede, und der königl. Societät der Wissenschaften zu Göttingen Correspondenten.

Leipzig,

bey Georg Joachim Göschen.

1794.

Abb. 20 Chladnis berühmte Schrift

66 Über den Ursprung der von Pallas gefundenen und anderer ihr ähnlicher Eisenmassen, und über einige damit in Verbindung stehende Naturerscheinungen. Von *E.F.F. Chladni*. Identisch in Leipzig bei Göschen und in Riga bey Hartknoch. 1794.

Abb. 21 Anton von Zach (1748-1829)

*

Cosmogenische Betrachtungen.
Von dem kaiserl. königl. General-Major und General-Quartiermeister
ANTON Freyherrn von ZACH

[MC 8 (1803) dort S. 218] „Seitdem La Place die vom Himmel gefallenen Steine vom Monde herschreibt, habe ich mehr Muth gefaßt, mein System von Entstehung unseres Erdballs vorzutragen, ..."

[S. 219] „Die Erde hat einst unzählige Monde gehabt; sie haben sich nach und nach mit der Erde vereiniget, sie vergrößert. Noch einer ist übrig, vermuthlich der größte unter ihnen."

[MC 1804 Oct S. 321 ff.; die gedruckte Seitenzahl 221 ist falsch]

Ich schreite nunmehr zur Erklärung meiner Hypothese, und für mehr kann ich sie nicht ausgeben. Folglich ist dieselbe, so wie so viele andere Hypothesen, sehr zweifelhaft. Sie wird wie andere unerwiesen bleiben, oder auch bald als eine Träumerey erkannt und der ewigen Vergessenheit übergeben werden. Dieses darf mich nicht hindern, sie vorzutragen, nicht nur weil ihre Falschheit für mich noch nicht erwiesen ist, sondern weil ich auch hoffen kann, daß in meinen Ideen vielleicht Spuren von Wahrheiten vorhanden sind, die bessere Köpfe zu etwas besserem führen könnten.

[...]

Die Bahnen der Körperchen um den Körper konnten anfangs nicht durch den Körper gehen, sondern lagen vielmehr mit den *Universal-Parallel-Kreisen* parallel, aber nach und nach mußten sich diese Bahnen dem Universal-Kreise des Körpers nähern, endlich mit ihm in eine Ebene eintreffen. Alle Bahnen müssen am Ende in einer Ebene zu liegen kommen. Zu dieser aus der Attraction hergeleiteten Tendenz kommt noch der Stoß beym Zusammenlauf mehrerer Körper in einen, welcher die Bahnen näher an den Körper bringt, bis sie durch den Körper selbst mit ihrer Fläche gehen. Dieser Zusammenstoß ist, da er nach allen Richtungen geschehen kann, auch Ursache, daß sich die Bahnen nicht so leicht in eine Ebene stellen, sondern eine Neigung gegen einander lange Zeit behalten können.

[...]

Wenn sie sich aber durch die Attraction vergößern, so muß bey jedem Zusammenstoß zweyer Körper der gemeinschaftliche eine Rotation erhalten, es wäre denn, daß die Direction des Stoßes gerade durch den Mittelpunct der Schwere ginge. Da Körper nach allen Richtungen zusammenstoßen können, so sollte die Rotation bald von Abend nach Morgen, bald von Morgen nach Abend gehen, bald aber wieder ganz aufgehoben werden können.

[...]

Wenn in einem *Gebiete* sich schon große Körper gebildet haben, die sich unseren Augen ohne Verwirrung darstellen, so heißt man sie zusammen ein *System*. Unser *Sonnen-System* stellt uns ein Bild von dem auf, was wir bisher in allgemeinen Sätzen vorgetragen haben.

[...]

Wir haben gezeigt, daß die nähern Körper, die um einen *anziehenden* herumgehen, kleiner als die entferntesten seyn müssen. Auch dieses finden wir ziemlich in unserm Sonnen-System, doch mit einigen Ausnahmen.

[...]

Ceres und *Pallas*, und wahrscheinlich noch viele andere, welche künftig noch entdeckt werden, sind bestimmt, sich in einen Planeten zu vereinigen; ist es bisher noch nicht geschehen, so sind die zufälligen Lagen dazwischen liegender Körper, und nachher ihre Verschwindung Schuld daran. Es müssen daher ihre Massen zusammen gerechnet werden, um sie mit *Mars* zu vergleichen. Übrigens können wir aus der Größe nicht auf die Masse schließen, besonders bey Körpern, die keine Monde haben.

Die andern Planeten so wie die Monde stimmen mit unserm Satze überein.

Wir haben den Satz gewagt, daß die Körper nur durch den Zusammenstoß mehrerer an einen eine Rotation erhalten können; daß sie der Bahn engegen gesetzt von Abend nach Morgen geschehen mussen; daß die Achsen ungefähr senkrecht auf der Bahn stehen müssen. [Offenbar versteht A. v. Zach unter 'entgegengesetzt' das Gegenteil vom heutigen.]

[...]

[2. Teil S. 412 ff.]

[...]

Wenden wir jetzt unsere Augen gegen die Erde, so müssen wir sagen, daß sie einst aus einem *Atom* bestanden sey, an welches sich andere und nach und nach immer größere Körper durch Attraction und Affinität angeschlossen haben, um zur heutigen Größe zu gelangen.

Auch der Mond hat diese Entstehung. Es gab also einen Zeitpunct, wo die Erde unzählige Monde hatte, die sich nach und nach mit der Erde vereinigten. Sie hat heut zu Tage schon alle bis auf einen einzigen und größten an sich gezogen. Man kann also die Erde als einen Kugel-Haufen ansehen, wovon die kleinsten am tiefsten liegen. Bey jedem Ankömmling mußte eine Revolution entstehen. Alle Massen hatten aber die Tendenz, sich um den gemeinschaftlichen Mittelpunct der Schwere ins Gleichgewicht zu setzen, folglich eine Kugel zu bilden. Die flüssigen Materien konnten am leichtesten diesen Gesetzen folgen, die festen widersetzten sich ihnen, mehr durch die Cohäsion.

[...]

Hat ein Mond eine solche Revolution nach einer Seite gemacht, so hat ein zweyter, auf einen andern Ort gefallner, eine solche Revolution nach einer andern Seite gemacht; zusammen haben sie beytragen müssen, die Erde zur Kugelgestalt anzunähern.

Die Anhäufung der Monde mußte auch Höhlungen verursachen; darin können chemische Arbeiten von Fermentationen, Auflösungen, Verbrennungen entstehen; die Ursache von Erdbeben und feuerspeyenden Bergen.

Die letzten waren einst in Europa häufig, da man überall Spuren davon und *Crater* findet. Heut zu Tage findet man wenige mehr, die Natur hat sich so zu sagen schon ausgearbeitet. In Amerika aber sind dieser Berge und Erdbeben noch sehr viele; es scheint, als wenn der zuletzt gefallene Mond Amerika gebildet, und die letzte Sündfluth veranlasset habe. Dieser Welttheil ist schon von mehreren als eine neue, jüngere Welt angesehen worden, die noch mit ihrer Ausbildung beschäftiget ist.

[...]

Bey jedem Fall eines Mondes mußte die Erdbahn sich vergrößern oder verringern. Das Jahr vor der Sündfluth muß eine andere

Länge als ein Jahr nach derselben gehabt haben. Auch die Rotation muß dadurch geändert worden seyn. Die Erd-Axe ist nicht immer dieselbe gewesen; es ist nicht ganz unmöglich, daß der Aequator durch die jetzigen Pole ging. Daher die Veränderung der Climate. Die Ursache, warum man in nördlichen Gegenden Gerippe von Thieren findet, die nur in mittägigen leben können, und Gerippe unbekannter Thiere von außerordentlicher Größe, die längst ausgestorben sind, läßt sich dadurch auch erklären.

Als die Monde noch häufig zusammenfielen, konnte das Pflanzenreich nicht erschaffen werden. Die Revolutionen hätten gleich alles zerstört; der fünfte Tag war noch nicht angekommen. Als diese selten wurden, konnte das Pflanzenreich gedeihen, dann war der sechste Tag gekommen, wo Gott die Thiere und die Menschen schuf, die sich hauptsächlich aus diesem Reiche nähren. Seit dieser Epoche fiel nun noch ein Mond, der die Sündfluth veranlaßte.

[...]

*

Jean Paul

Trotz seiner vielfältigen Beziehungen zu Gotha und Weimar kann Jean Paul im Sommer 1796 noch nicht von den Vorstellungen Anton von Zachs gewußt haben. Da hatte er nämlich den „Siebenkäs" vollendet, in dem sich folgende Passage findet [27]:
„Einmal abends gegen 11 Uhr geschah unter dem Dachstuhl ein Schlag, als wenn einige Zentner Alpen hineinfielen."
Natürlich kann man spekulieren, daß Anton seinem Bruder schon früher davon erzählt hat und dieser etwas z.B. gegenüber K. A. Böttiger in Weimar erwähnt hat, wo Jean Paul sich vom 10.6. bis 2.7.1796 aufhielt und mindestens am 17.6. mit Böttiger gesprochen hat [2]. Etwas später hat er sich direkt auf Anton von Zach bezogen [28]:

---

*

Die Erde hat sich – nach *Zachs* genialer Idee – aus herabgezogenen Monden geballet; ein auf die amerikanische Kehrseite einstürzender Mond trieb die Sündflut gegen die alte Welt herauf; die zackige, wild aufgetürmte, ausgeschluchtete Schweiz ist nichts als ein sichtbarer Mond, der einst aus seinem leichten Äther auf die Erde sich stürzte – aber ebenso ist im geistigen Europa, weit mehr als in jedem andern nichts in Druck gebenden Weltteil und Zeitteil, nur eine Zusammenbildung aufgehäufter, vom Himmel gesandter oder gefallener Seelen-Welten oder Weltseelen.

*

Eine ausführliche Darstellung der Beziehungen von Jean Paul zum „jungen" Herzog findet man in G. Graf: Mißverstehen (als Voraussetzung). Jean Paul und Emil August von Gotha. Jahrbuch 1996 der Jean-Paul-Gesellschaft, Bayreuth 1996, S. 61. Hier interessiert besonders das Kapitel „Erste Kontakte mit Gotha (bis 1799)" S. 71ff., über die Korrespondenz mit Schlichtegroll.

J. W. v. Goethe

Quelle: [21] S. 265f.

*

[Wilhelm nimmt an einem nächtlichen Bergfest teil, zu dessen Gästen auch Vertreter aller geologischen Parteien gehören]

Eine vierte, wenn auch vielleicht nicht zahlreiche Partie lächelte über diese vergeblichen Bemühungen und beteuerte: gar manche Zustände dieser Erdoberfläche würden nie zu erklären sein, wofern man nicht größere und kleinere Gebirgsstrecken aus der Atmosphäre herunterfallen und weite, breite Landschaften durch sie überdeckt werden lasse. Sie beriefen sich auf größere und kleinere Felsmassen, welche zerstreut in vielen Landen umherliegend gefunden und sogar noch in unsern Tagen als von oben herabstürzend aufgelesen werden.

*

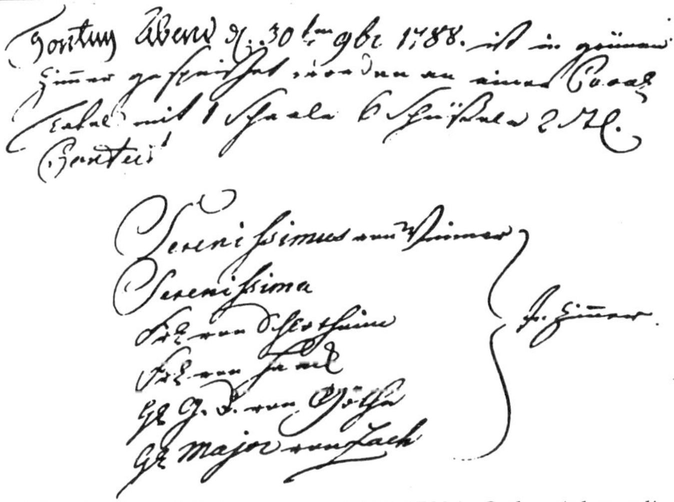

Abb.22 Goethe und Zach speisen am 30.11.1788 in Gotha mit herzoglichen Herrschaften (Fourierbücher; Gotha, Forschungsbibliothek, Chart A 1763)

Geodätische Pläne

Zach hatte sich seit seiner Jugend mit Vermessungsaufgaben befaßt, seine Zeitschriften sind voll von Besprechungen solcher Arbeiten und Beiträgen zu geographischen Ortsbestimmungen. Insbesondere die großen Projekte der Franzosen, aber auch in den k. und k. Landen wurden von Zach referiert, oder er ließ sie von den Beteiligten beschreiben. Es mußte ihn daher elektrisieren, als er 1802 vom preußischen König mit einem größeren derartigen Unternehmen beauftragt wurde, zu dem – vielleicht auf Zachs Anregung – sein eigener Herzog noch einen komplementären Auftrag erteilte. Die Pläne sind wegen des Kriegsausbruchs nur in Ansätzen verwirklicht worden, gleichwohl gibt Zachs Entwurf auch dem Laien eine gute Vorstellung von den damaligen Haupt-Problemen. Im Prinzip geht es immer um diese zwei Ziele: eine in sich (relativ) stimmige geometrische Beschreibung eines Gebiets einerseits, und den Zusammenhang dieser Beschreibung mit der Erde als Ganzes andererseits. Anschaulich könnte man sagen: Man möchte eine gute Karte des Gebiets herstellen und man möchte außerdem ihren genauen Platz auf der Erdoberfläche kennen, einschließlich des Umstands, daß eine richtige Abbildung keine ebene, sondern eine gekrümmte Fläche sein muß und daß die Krümmungen auf dem Erdellipsoid sogar nicht konstant sind, sondern zumindest mit der Breite variieren. Diese sogenannten Gradmessungen waren die Hohe Schule des astronomischen Teils der Erdmessung, und wir sind ihnen schon in der von Zach referierten Geschichte der Astronomie im Jahre 1798 und bei Gauß' erster Anwendung der Methode der kleinsten Quadrate begegnet. Bevor wir etwas über die Zachschen Pläne sagen, wollen wir einen Blick auf die weitere Entwicklung werfen.

Der seinerzeit zu Zach abgeordnete preußische Hauptmann von Müffling wurde später einer der leitenden Köpfe des preußischen Vermessungswesens. Unter ihm wurde die von den Franzosen begonnene Vermessung der nachmaligen preußischen Rheinprovinz fortgesetzt, und so sind heute die ehemaligen Gegner in der Bezeichnung der „Tranchot-Müffling-Karten“ vereint (was sie als Kollegen auch nicht stören dürfte).

Müffling entwarf 1816 eine große Längengradmessung vom Seeberg bis Dünkirchen, die auch, verändert, zur Ausführung kam [15, S. 109]. Bei ihm lernte J. J. Baeyer (1794–1885) das geodätische Handwerk, zunächst im „Topographischen Bureau" in Koblenz, dann bei der Triangulation von Thüringen. Müffling beauftragte u.a. Baeyer mit der Messung der Dreieckskette der obigen Längengradmessung vom Rhein bis Gotha. Er brachte 1822 Baeyer mit Bessel und Humboldt in Kontakt; in der Folge half Baeyer Bessel bei den Arbeiten zur ostpreußischen Gradmessung. Baeyer wollte einen Vorschlag Wilhelm Struves (1793–1864) zu einer Komplettierung der preussischen Gradmessung nicht nur als Gehilfe ausführen, andererseits konnte er wegen seiner Konflikte mit der Trigonometrischen Abteilung im preußischen Generalstab die Aufgabe nicht im nationalen Rahmen durchführen. Die Resultante aller dieser Kräfte führte zu einer internationalen Lösung, zu der auch aus Bayern noch ein Beitrag kam: Von dort wurde nach einheitlichen Vorschriften für die Operationen gefragt. Die „Mitteleuropäische Gradmessung" wurde 1862 aus der Taufe gehoben, und Baeyer war der Mann der Stunde. Er wird von der heutigen Internationalen Assoziation für Geodäsie als ihr erster Präsident betrachtet.

Gegenüber diesen komplizierten Entwicklungslinien wirkt der Zachsche Beginn einfacher (und mehr von innen motiviert). Viel kleiner war sein Plan nicht.

Eigentlich hatte der König zunächst nur an das Erfurtische und das Eichsfeld gedacht. Zach sieht sofort die Verbindung zur westfälischen Triangulation von Lecoq (die in seiner Zeitschrift ausführlich dargestellt ist[67]) und faßt auch gleich noch den Anschluß an das holländische Netz (der 'Batavischen Republik') und an die französische Vermessung am Niederrhein ins Auge (an sie erinnern z.B. explizit der Tranchot-Stein bei Aachen und verdeckt der 'Schwarze Mann' auf dem Schneifel-Kamm, welcher Name bloß von einem verrotteten Tranchotschen Holzgerüst herrührt). Ganz ähnlich wie bei der Gründung der Seeberg-Sternwarte versteht es Zach, einen fürstlichen Willen durch Darlegung der größeren möglichen Wirkungen bei nahezu gleichem Aufwand wissen-

67 MC 2 (1800) 206, MC 8 (1803) 70, 142, 328

schaftlich zu optimieren. Charakteristisch für ihn ist auch (innerhalb des hier nicht wiedergegebenen topographischen Teils) die Aussage, daß und warum seine Ergebnisse veröffentlicht werden mußten [S.23]:

*

Dergleichen Operationen durch den Druck öffentlich bekannt zu machen, um sie der Kritik und Prüfung jedes Kenners zu unterwerfen, ist der einzige zuverlässige Weg, wodurch sich der Staat am sichersten durch unparteyische Richter von der Güte, Brauchbarkeit und Zuverlässigkeit solcher verwickelten Arbeiten versichern kann; so wohl die Unternehmung als die Ausführung gewinnen bey einer solchen öffentlichen Darstellung. Der Staat erfährt von den aufgeklärtesten Köpfen des cultivirten Europa, ob die auf dergleichen Staatsbedürfnisse bewilligten Kosten zum Besten und Nutzen desselben zweckmäßig sind verwendet worden. Der Ausführer hat sich vorzusehen, daß seine Arbeit vor dem ganzen gelehrten Publicum, diesem unbestechlichen Tribunale, in Ehren bestehe.

*

Für die Gradmessung sieht er also 3 bis 4 Grad in Breite und fünf bis sechs Grad in Länge vor, zentriert auf den Seeberg. In geographischer Beschreibung: südlich von Ansbach bis nördlich nach Braunschweig (mit möglichen Erweiterungen nach Füssen und Kiel), westlich von Arnheim bis östlich nach Altenburg.

Die noch zustande gekommenen Anfänge der Arbeiten waren übrigens von guter Qualität, wie spätere Vergleiche mit der Zachschen Basislinie belegen [36, S. 319] [12, S. 45]. Interessant wäre eine eigene Untersuchung, wie gut die Bestimmung der astronomischen Koordinaten gelungen ist, bei der in großem Umfang die Zeitübertragung durch Pulversignale eingesetzt wurde. Insgesamt wird man Zach mit Fug und Recht als einen Großvater europäischer Gradmessungen ansehen dürfen.

Quelle: MC 9 (1804) 3-26

*

MONATLICHE
CORRESPONDENZ
ZUR BEFÖRDERUNG
DER
ERD- UND HIMMELS-KUNDE.

JANVAR, 1804.

I.

Über die Königl. Preufsische trigonometrische und aftronomifche Aufnahme von Thüringen und dem Eichsfelde und über die Herzogl. Sachfen-Gothaifche Gradmeffung zur Beftimmung der wahren Geftalt der Erde.

Es war den 26 October 1802, als ich von *Sr. Majeftät dem König von Preufsen* ein allergnädigftes Cabinets-Schreiben folgenden Inhalts erhielt:

A 2 *Wohl-*

Monatl. Corresp. 1804. JANVAR.

Wohlgeborner, besonders Lieber!

Ich habe die Absicht, unter der Oberaufsicht Meines General-Quartiermeisters des General-Lieutenants von Geusau das Erfurtische und das Eichsfeldische aufnehmen, auch dennächst eine gute und brauchbare militärische Karte von ganz Thüringen verfertigen zu lassen, und werde dieses Vorhaben um so besser ausführen können, da Ich dabey auf kräftige Mitwirkung Ihres Landesherrn und des Herzogs zu Sachsen-Weimar Liebden rechnen darf; indessen ist es jetzt nicht zulässig, einen Officier Meines Generalstabes dort zur Leitung dieses Geschäfts anzustellen. Da Sie, Herr Oberst, sich auch in diesem Fache als einen kenntnifsreichen Mann rühmlich bekannt gemacht haben, so ersuche Ich Sie, gefälligst, so wohl die nöthigen astronomischen Bestimmungen zu vorerwähnten Aufnahmen, als auch die zweckmäfsige Direction dieser Aufnahmen selbst zu übernehmen. In der Voraussetzung, dafs Sie Mir diese Gefälligkeit nicht versagen werden, habe Ich zugleich die Erlaubnifs Ihres Fürsten dazu erbeten, und Meinem General-Lieutenant und General-Quartiermeister v. Geusau aufgetragen, sich über alle auf dieses Geschäft Bezug habende Mafsnehmungen mit Ihnen in Schriftwechsel zu setzen. Ihre Willfährigkeit hierunter werde Ich gewifs eben so sehr erkennen, als ich mit besonderer Werthschätzung bin Ihr wohlaffectionirter

FRIEDRICH WILHELM.

Potsdam,
den 18 October 1802.

Zu-

I. *Vermessung von Thüringen u. s. w.*

Zugleich mit dieser huldreichen und ehrenvollen königlichen Aufforderung wurde ich von des regierenden *Herzogs von Sachsen-Weimar Durchlaucht* und von des General-Lieutenants und General-Quartiermeisters Freyherrn *von Geusau* Excellenz mit den schmeichelhaftesten Schreiben beehret, in welchen mich beyde aufforderten, meine Gedanken über dieses vorzunehmende Vermessungsgeschäft zu eröffnen; diese brachte ich im nachstehenden Entwurf zu Papiere, welcher *Sr. Majestät* zur allerhöchsten Einsicht vorgelegt wurde.

An Seine Majestät den König &c. &c.

Unterthänigst gehorsamstes

Pro Memoria,

die astronomisch - trigonometrische Aufnahme von Thüringen u. s. w. betreffend.

Bey der Aufnahme eines Landes, das ist, bey Entwerfung und Abbildung eines Stücks unserer Erd-Oberfläche mit den darauf befindlichen merkwürdigen Gegenständen, hat man *drey* Puncte in Erwägung zu nehmen:

I. Die richtige Lage des Landes auf dem Erdball. Dieser Theil ist blofs *astronomisch*.

II. Die genaue und richtige Lage der verschiedenen Puncte gegen einander. Dieser Theil ist *trigonometrisch*. Er besteht in Bestimmung der Puncte durch Dreyecke, und heifst deswegen auch die Triangulirung.

Monatl. Corresp. 1804. JANVAR.

III. Die Abbildung des Terrains in allen ſeinen gröſsern und kleinern Theilen, welches das *Figuriren* und *Detailliren*, und daher auch der *topographiſche* Theil heiſst.

Bey der Aufnahme einer Gegend liegt manchmahl nichts an deren Lage auf dem Erdball, dann fällt der *aſtronomiſche Theil* ganz weg.

Manchmahl liegt auch an der genauen und richtigen Lage der Puncte gegen einander nicht ſehr viel; daher gibt es auch mancherley, mehr oder minder genaue Triangulirungs-Methoden. Bald triangulirt man mit ſogenannten *Aſtrolabien* oder *Graphometern*. und trägt die Winkel mit dem Transporteur auf das Papier. Bald triangulirt man mit dem Meſstiſchchen, (*Planchette, Menſula Praetoriana*) und dem Diopter-Lineale, bey welcher Methode man das Auftragen der Winkel erſpart. Bald triangulirt man mit *Bouſſolen*, und trägt die Winkel mechaniſch auf. Bald triangulirt man mit genauen *Winkelmeſſern*, mit *Theodoliten*, mit *Spiegel-Sextanten*, mit aſtronomiſchen *Quadranten* oder mit *Borda*'iſchen *ganzen Kreiſen*, und berechnet alle Dreyecks-Seiten durch Hülfe der ebenen und ſphäriſchen Trigonometrie, welche Art die *trigonometriſche Triangulirung* heiſst.

Bey dieſer letzten Art zu trianguliren gibt es noch viele Abſtufungen von mehrerer oder minderer Genauigkeit, welche von den beſſern Inſtrumenten, von den geringern oder gröſsern theoretiſchen Kenntniſſen des Beobachters, von ſeiner Geſchicklichkeit, Erfahrung und Übung in der practiſchen Sternkunde

I. Vermeſſung von Thüringen u. ſ. w.

kunde abhängen. Alle dieſe Methoden ſind in ihrer Art brauchbar, nur jede an ihrem Orte.

Einem Edelmanne, der ſein Gütchen aufnehmen laſſen will, kann das *Aſtrolab* oder die *Bouſſole* genügen. Ein Ländchen von ein Paar Quadratmeilen kann mit dem Meſstiſche aufgenommen werden, und es wäre lächerlich, *Aſtronomie* und *Trigonometrie* hierauf verſchwenden zu wollen.

Wenn aber groſse Monarchen Länder, welche ſich auf mehrere Grade der Länge und Breite erſtrecken, aufnehmen laſſen wollen, dann iſt Aſtronomie und Trigonometrie *unentbehrlich.* Denn, wenn ein ſo groſser Theil der Erdoberfläche aufgenommen und auf dem Papiere entworfen werden ſoll, ſo läſst ſich ſolche nicht mehr als eine *ebene Fläche* betrachten, da ſie in der Natur eine *kugelförmige* iſt. Alle Theile auf einer ebenen Karte können daher nicht mehr ihrem Urbilde auf der Kugelfläche unſerer Erde gleich und ähnlich ſeyn. Eine groſse Entfernung von einem Orte zum andern auf unſerer Erdkugel kann nicht mehr als eine gerade, in einer Ebene liegende Linie angeſehen werden, ſondern ſie iſt in der Wirklichkeit ein Kreis-Bogen, oder richtiger zu reden, ein elliptiſcher Bogen und *loxodromiſche* Linie. Um daher einen Theil einer After-Kugelfläche auf einer *ebenen Fläche*, d. i. auf Karten darzuſtellen, muſs man zu höheren Kunſtgriffen ſeine Zuflucht nehmen, ſonſt würde man bey groſsen Ländern *ſehr grobe Fehler* begehen, und nie die *wahre Geſtalt* des Landes zu Papiere bringen. Doch dieſes bedarf keines Beweiſes mehr, da in unſern Tagen alle Länder, Frankreich, England, Oeſter-

 reich,

reich, Italien, Dänemark, Bayern, Schwaben, und nun auch Alt-Oſt- und Weſt-Preuſsen, Lithauen und Weſtphalen auf dieſe Art aufgenommen worden ſind.

Da *Ew. Majeſtät* das allergnädigſte Vertrauen in mich geſetzt haben, und mir die Direction der Aufnahme von Thüringen u. ſ. w. zu übertragen geruhen wollen, ſo darf ich vorausſetzen, daſs *Höchſt Dieſelben* eine ſolche genaue trigonometriſche und aſtronomiſche Vermeſſung, die allen übrigen bisher unternommenen nicht nachſtehen darf, verlangen.

Das hierauf aufmerkſame und dabey intereſſirte Publicum würde nur eine ſolche von mir erwarten; jede andere auf minder richtige Principien gegründete Operation würde mir nur zum Nachtheil gereichen, und dem Vertrauen nicht entſprechen, womit *Ew. Majeſtät* mich zu beehren geruhen. Da noch überdieſs verlangt wird, daſs die Triangelreihe aus dem *Erfurtiſchen* bis ins *Eichsfeld* geführt, und mit dem *Weſtphäliſchen* Dreyecks-Netze des General-Majors *von Lecoq* verbunden werden ſoll, ſo würde eine ſolche auf mehrere Grade der Länge und Breite ſich erſtreckende Verbindung, welche ſich alsdann an die Holländiſche und an die Franzöſiſche Dreyecks-Meſſung am Nieder-Rhein von ſelbſt anknüpfen würde, eine der genaueſten aſtronomiſchen und trigonometriſchen Operationen erfordern, welche um ſo nothwendiger werden dürfte, wenn der Vorſchlag genehmigt werden ſollte, dieſe Dreyecksreihe bis ins *Ansbachiſche* und *Bayreuthiſche* zu führen, welches, wenn die Operation einmahl im

Gange

Gange iſt, deſto leichter bewerkſtelligt werden könnte, und um ſo mehr anzurathen wäre, weil ſich vielleicht in der Folge ſo günſtige Umſtände nicht leicht wieder vereinigen dürften, um eine ſolche, einer groſsen Monarchie würdige Operation mit gutem Fortgang auszuführen und die Erfahrungen zu benutzen, welche ſich die verſchiedenen Gehülfen in einer ſolchen Schule indeſſen geſammelt haben, wodurch dieſe Arbeiten erleichtert, in kürzerer Zeit, daher auch mit weniger Koſten vollbracht werden können, als wenn alle Anſtalten und Vorkehrungen von neuen zu treffen wären, und Ungeübte ſich erſt wieder Kenntniſſe und Übungen von vorn erwerben müſsten.

In dieſer Vorausſetzung, daſs *Ew. Majeſtät* ein ſolches groſses aſtronomiſch-orientirtes trigonometriſches Netz über ganz *Thüringen*, das *Eichsfeld*, *Ansbach* und *Bayreuth*, und eine dergleichen Dreyecks-Verbindung mit dem *Weſtphäliſchen* Triangel-Netze des General-Majors *von Lecoq* anbefehlen, ſchreite ich zur nähern Entwickelung meines zu *Allerhöchſt Dero* Einſichten unterthänigſt vorgelegten Entwurfes.

I. *Der aſtronomiſche Theil.*

Da mir die Beſorgung dieſes Theils ganz zufällt, ſo werde ich *Ew. Majeſtät* hier mit keinem groſsen Detail verſchiedener aſtronomiſcher Verfahrungsarten ermüden, ſondern mich bloſs auf die Anzeige der Haupt-Momente beſchränken.

Monatl. Corresp. 1804. JANVAR.

1) Vor allen Dingen mufs ich die Richtung der Dreyecksfeiten mit dem Meridian der *Seeberger Sternwarte* durch Azimuthal-Beobachtungen in verfchiedenen Puncten des Triangel-Netzes zu beftimmen, und dadurch das ganze *Canevas* des aufzunehmenden Landes gehörig zu orientiren fuchen.

2) Ich mufs vermittelft genauer aftronomifcher Beobachtüngen die *Polhöhen* oder *Breiten* mehrerer Orte, fowohl an der äufsern Peripherie des aufzunehmenden Landes, als einiger in deffen Mittelpuncte beftimmen, um damit die trigonometrifche Meffung zu controliren und in Schranken zu halten.

3) Desgleichen werde ich die fo fchwierige Beftimmung der *Länge* diefer Puncte α) durch Blick-Feuer, oder β) durch mehrere vortreffliche Englifche Chronometer und durch Stern-Bedeckungen vom Monde, drey der beften und zuverläffigften Methoden der Längen-Beftimmung, übernehmen, und damit die wahre aftronomifche Grundlage der ganzen Vermeffung begründen.

II. *Der trigonometrifche Theil.*

Da auch diefer Theil der Vermeffung mir ganz überlaffen bleibt, fo gedenke ich folchen auf folgende Art auszurichten:

Obgleich die aufzunehmenden Länder an fich nicht von der allergröfsten Ausdehnung find, fo liegen folche jedoch in fo beträchtlichen Entfernungen von einander, dafs hier die gröfste Genauigkeit und Schärfe nothwendig wird, wenn auf einer folchen grofsen Strecke keine falfche Schwenkung des Netzes

Statt

Statt finden ſoll. Dieſer delicate Theil der Operation muſs daher mit dem allerbeſten Werkzeuge, das iſt, mit einem guten *Borda*'iſchen *Cércle-Répetiteur* verrichtet, und ſämmtliche aufzunehmende Länder in ein zuſammenhängendes Syſtem von gut gewählten Dreyecken gebracht werden. Die mittleren Seiten dieſer Haupt-Dreyecke würde ich auf 20,000 Toiſen ſetzen.

Da aber dieſe groſsen Haupt-Dreyecke für die *Détailleurs* nicht hinlängliche Puncte abgeben würden, um ihre Arbeiten zu leiten, ſo ſchlage ich eine zweyte Triangulirung von Neben-Dreyecken mit *Theodoliten* vor, wie man ſolche auch bey der Engliſchen und Franzöſiſchen Landes-Vermeſſung ausgeführt hat. Ein ſolcher *Triangulęur* müſste von meinen Hauptpuncten ausgehen, und meine groſsen Haupt-Dreyecke in mehrere kleinere von der zweyten Ordnung von 4 bis 6,000 Toiſen zergliedern. Bey einer ſolchen Einrichtung würde man an Zeit und an Genauigkeit gewinnen. Jedes Land, in welchem ein Dreyecks-Netz niedergelegt werden ſoll, muſs vorerſt in dieſer Hinſicht bereiſet und recognoſcirt werden. Die Lage und Geſtalt der Dreyecke iſt nichts weniger als gleichgültig, es muſs vielmehr eine vorſichtige und kluge Auswahl der Puncte getroffen werden, damit daraus ein dem Zweck angemeſſenes Triangel-Netz von guten Verhältniſſen entſtehe. Dieſen Erforderniſſen ſetzen ſich oft nicht vorhergeſehene Localhinderniſſe entgegen, welche theils ſchwer zu heben, theils unüberwindlich ſind, wenn man nicht bey Zeiten Wiſſenſchaft davon genommen hat, welche aber nur durch die Localkenntniſs des

Ter-

Terrains erlangt werden können. Wenn man ohne eine ſolche Vorbereitung ſogleich eine groſse Triangulirung beginnen, groſse und ſchwere Inſtrumente aufs Gerathewohl auf hohe Berge ſchaffen wollte, ſo würde man ſich da oft getäuſcht finden, und zu ſpät erfahren, daſs man die gehoffte Ausſicht nicht erlangt habe, und ſeine Dreyecke von da in ununterbrochener Ordnung nicht fortführen könne; welcher vergebliche Zeit- und Koſtenaufwand, wie viel unnöthiges Hin- und Herreiſen würde bey einer ſolchen verkehrten Anordnung nicht Statt finden? Einem ſolchen Ubel läſst ſich nur dadurch abhelfen, wenn ein verſtändiger Gehülfe das Land vorher bereiſet, eine ſchickliche Auswahl der Dreyecks-Puncte trifft; und, damit auch er dieſe Reiſe nicht allein zu einem Zwecke thue, ſo kann er bey dieſer Gelegenheit mit einem Theodoliten oder Spiegel-Sextanten verſehen werden, womit er indeſſen die Neben-Dreyecke aufnehmen, alle Localumſtände dabey bemerken, und mich auf dieſe Art in den Stand ſetzen kann, daraus eine Auswahl für meine Haupt-Dreyecke zu treffen, und ihre Standpuncte zu beurtheilen, auf welche ich mich mit dem groſsen *Borda*'iſchen Kreiſe, meines Zweckes gewiſs, verfügen, und alle Winkel ohne allen Anſtoſs und Zeitverluſt beobachten könne. Meine mit dieſem groſsen Kreiſe gemeſſenen Haupt-Dreyecke werden alsdann ſchon die kleineren, mit dem Theodoliten oder Sextanten gemeſſenen in ihre gehörigen Schranken ſetzen.

I. *Vermessung von Thüringen u. s. w.*

1) *Die Messung einer Standlinie.*

Bekanntlich muss dieser wichtige und vornehmste Theil der Messung mit der äusserſten Sorgfalt und Genauigkeit geführt werden, da er die Grundlage der ganzen Operation ausmacht. Da ferner diese ganze Messung von einem richtig und sehr genau aſtronomisch beſtimmten Puncte ausgehen muss, ein solcher Punct aber die *herzogl. Seeberger Sternwarte* iſt, so kann die erſte Standlinie sogleich auf eine sehr sichere und bequeme Art, auf einer ganz vorzüglich dazu geeigneten Ebene, am Fusse des *Seeberges* gemessen, orientirt und ihre Richtung mit dem erſten Meridian, auf welchen alle Puncte der Messung zu reduciren sind, beſtimmt werden.

2) *Inſtrumente, welche zu dieser Messung erfordert werden.*

Die Inſtrumente, welche theils zum aſtronomischen, theils zum trigonometrischen Theile einer solchen Vermessung nöthig sind, sind nicht allein sehr koſtbar, sondern ihre Herbeyschaffung erfordert eine Zeit von mehrern Jahren; da bekanntlich nur wenige Englische und Französische Künſtler dergleichen von der erforderlichen Güte verfertigen, solche in Menge nicht fördern können, und daher sehr schwer von ihnen zu erhalten sind.

Die *herzogl. Seeberger Sternwarte* iſt ausser ihren grossen und prächtigen mauerfeſten Inſtrumenten, auch mit einigen beweglichen und transportabeln versehen; *Se. Durchl. der Herzog von Gotha* haben daher zu dieser Vermessung nachfolgende Werkzeuge bewilligt:

1) Einen zehnfüſsigen Zenith - Sector nach der neueſten Einrichtung.

2) Ein ſechsfüſsiges *Dollond*'ſches Paſſagen-Inſtrument.

3) Einen zwanzigzölligen *Borda*'iſchen Vollkreis von *Le Noir*, von der neueſten Gattung, auf welchem ſich die Winkelmeſſungen durch Multiplication bis auf eine halbe Secunde verrichten laſſen.

4) Zwey Engliſche Chronometer von *Emery* und *Arnold.*

5) Zwey *Étalons* der Franzöſiſchen Toiſe, von Eiſen.

6) Zwey *Étalons* des Franzöſiſchen *Mètre*, der eine von *Platina*, der andere von *Eiſen.*

7) Fünf eiſerne Meſsſtangen mit allem Zubehör.

Des *Herzogs von Sachſen - Weimar Durchl.* haben zu dieſer Meſſung gegeben:

1) Ein dritthalb füſsiges Paſſagen - Inſtrument.

2) Einen *Emery*'ſchen Chronometer.

3) Einen *Dollond*'ſchen ſiebenzölligen Sextanten.

Aus meinem eigenen Vorrath der beſten Engliſchen und Franzöſiſchen, zu ſolchen Operationen tauglichen Inſtrumenten ſind:

1) Ein zwanzigzölliger *Borda*'iſcher von *Le Noir* verfertigter *Cércle-Répetiteur*, mit vielen neuen Aenderungen und Verbeſſerungen.

2) Ein achtzehnzölliger, von *Troughton* verfertigter ganzer Spiegelkreis mit ſilbernem Gradbogen und Stativ.

3) Ein

I. *Vermessung von Thüringen u. s. w.*

3) Ein zwölfzölliger (ebenfalls von *Troughton*) *Cercle de Reflexion Répetiteur*, mit einem *Mendoza*'ischen *Flying-Nonius*, mit silbernem Gradbogen und Stativ.

4) Ein sechzehnzölliger Spiegel-Sextant mit Stativ und Mikrometer, der die Winkel auf eine Secunde angibt.

5) Mehrere neunzöllige Spiegel-Sextanten von *Troughton*.

6) Ein *Emery*'scher Chronometer.

7) Ein astronomischer Regulator.

8) Zwey astronomische Reise-Pendeluhren.

9) Zwey correspondirende Reise-Barometer.

10) Ein Declinatorium.

Nebst noch andern Werkzeugen, als: mehrere achromatische Fernröhre, künstliche Horizonte, Niveaux, Boussolen, Pedometer, Thermometer, Perambulatoren u. dgl. mehr.

Es würde sonach nur noch ein einziger *Theodolite* für den Trianguleur der Neben-Dreyecke erforderlich seyn; hierzu dürfte nur der von dem General-Major *von Lecoq* bey der Westphälischen Vermessung schon gebrauchte, in *Minden* befindliche Theodolite von *Dollond* herbey geschafft werden.

3) *Kosten der Vermessung.*

Da die meisten und kostbarsten Werkzeuge schon herbey geschafft sind, so dürften sich die Kosten des astronomischen und trigonometrischen Theils dieser Vermessung nicht sehr hoch belaufen. Zu den astronomischen Operationen werden keine andere Ausla-

gen,

gen, als der Transport der Inſtrumente, und was zu ihrer Aufſtellung und zur Errichtung der extemporanen Sternwarten nöthig ſeyn dürfte, erfordert. Bey dem trigonometriſchen Theile wären die Koſten der Signal-Stangen, wo natürliche Zeichen, wie z.B. Kirch- oder Schloſs-Thürme mangeln, in Anſchlag zu bringen. Dieſe dürften allerdings einen nicht unbeträchtlichen Aufwand verurſachen, wenn ſolche auf ſo groſse Entfernungen, wie die Seiten der Haupt-Dreyecke angeſchlagen ſind, noch ſichtbar werden ſollten; allein dieſe Koſten könnten dadurch anſehnlich verringert werden, wenn man ſolche Standpuncte, welchen es an natürlichen Abſehen fehlt, des Nachts vermittelſt Feuer-Signale beobachtete, wie man ſolches in England und Frankreich bey der letzten Vermeſſung verſucht hat. Die Engländer bedienten ſich des Nachts des ſogenannten *Indianiſchen Weiſs-Feuers* bey ihren Winkel-Meſſungen; dieſes äuſserſt hell brennende Licht entſteht durch Entzündung eines gewiſſen gelben Pulvers, welches ohne Exploſion mit einer ſolchen Lebhaftigkeit und Glanz brennt, daſs man es durch Regen und Nebel auf eine Entfernung von 20,000 Toiſen erblicken kann; allein dieſes Licht iſt nur von kurzer Dauer, brennt nicht anhaltend fort, und iſt ziemlich koſtbar. Die Franzoſen bedienten ſich ganz einfacher *Argand*'ſcher oder *Quinquet*'iſcher Lampen mit einem Prallſchirm, und ſahen dieſes Licht in den Fernröhren ihrer Inſtrumente in einer Entfernung von 30,000 Toiſen, wie einen Stern achter Gröſse. Der Gebrauch ſolcher Lampen, wenn ſie mit *paraboliſchen Reflectoren* verſehen werden, wie

man

I. *Vermeſſung von Thüringen u. ſ. w.*

man ſolche jetzt allgemein in England in den Leuchtthürmen zu Nacht-Signalen an den Seeküſten gebraucht, iſt nicht ſo koſtſpielig, und ſie werden daher bey der Vermeſſung ſehr wohl da zu gebrauchen ſeyn, wo *natürliche* Zeichen fehlen und groſse *künſtliche* errichtet werden müſſen, welche immer ſehr theuer zu ſtehen kommen, wenn ſolche in holzarmen Gegenden auf hohen Bergen errichtet werden ſollen. Werden ſolche Standpuncte hingegen des Nachts mittelſt ſolcher Reflectir-Lampen erleuchtet, ſo iſt alsdann eine ganz kleine und einfache Signal-Stange hinreichend, um dem *Détailleur* bey ſeinen kleinern Dreyecken zum Abſehen zu dienen.

Bey Meſſung der Standlinie muſs man darauf Bedacht nehmen, daſs es ſich ereignen könnte, daſs die Richtung dieſer Linie über beſtelltes Ackerland oder über Wieſen führte, in welchen Fällen ein billiger Schaden-Erſatz für die Eigenthümer in Anſchlag zu bringen wäre. Ob man gleich dieſe Meſſung nach Möglichkeit zu einer ſolchen Jahreszeit unternehmen wird, wo dieſe Fälle am wenigſten eintreten können, z. B. im Frühjahre vor der Beſtellzeit, oder im Herbſte nach der Aerndte, ſo kann es ſich doch fügen, daſs hier und da Beſchädigungen geſchehen, welche billig zu vergüten wären; alle dieſe Koſten ſind ſchwer, wo nicht ganz unmöglich in Anſchlag zu bringen, da ſolche von ſo mancherley unbekannten und unmöglich vorherzuſehenden Local-Umſtänden abhängen, und nicht im voraus beurtheilt und berechnet werden können. Alle dieſe Vermeſſungs-Koſten können noch dadurch anſehnlich vermindert werden, wo militairiſche Aſſiſtenz, Zimmerleute, Hand-

Monatl. Corresp. 1804. JANVAR.

Handlanger u. s. w. von den Militair-Behörden auf *Allerhöchsten* Befehl requirirt werden dürfen.

*

Nach dem Actenstück (Ausmittelung der Seite Signal Fleckert und Thurm der Ruine Nürburg) hält diese Seite, aus der Basis von Melun abgeleitet: nach Franchot ... Logar Sehne in metres = 4.6968477

das Centrum des Preussischen Signals
vergrössert die Seite 0,m7 ... + 8,7

Logar Sehne ... 4.6968485,7

Verwandlung des Log Sehne in log: sin: ... 32,79

Log: sin in metres ... 4.6968452,9

Verwandlung der mètres in toisen nach
De Lambre (Base métrique III p. 642) ... 9 7101800,1

Log sin Ruine Nürburg (Preuss Sgl) Fleckert = 4.4070253,0

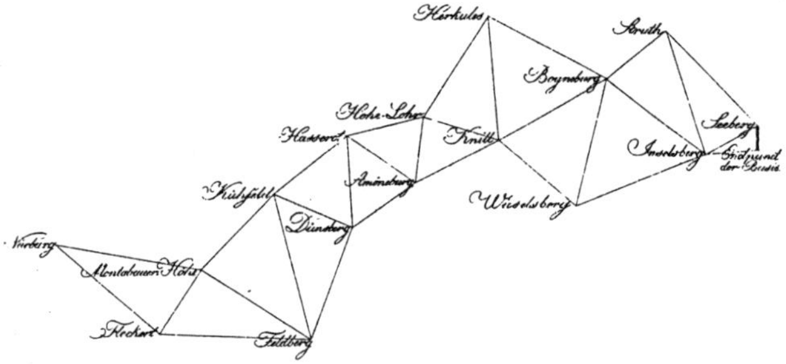

Abb. 23 General von Müffling, der bei der thüringischen Vermessung von Zach gelernt hatte, verband den Seeberg mit Rheinpreußen (Endpunkt die Nürburg) in einer Dreieckskette.
Funfzehn Dreiecke zur Vergleichung [von vier anderen Basislinien] ... mit der Grundlinie von Seeberg, berechnet im October 1820 vom General-Lieutnant Freiherrn von Müffling. Aus 'Instruction für die topogrphischen Arbeiten des Kgl. Preuß. Generalstabes', Reproduktion Inst. F. Angew. Geod. 1980

[Quelle: MC 9 (1804) 98 - 104]

Nachdem nun *Se. Majestät der König* diese astronomische und trigonometrische Vermessung förmlich decretirt, mit allen möglichen Hülfsmitteln, welche der neueste Zustand der Wissenschaft darbietet, auf das aller genaueste auszuführen befohlen hatten, und der General-Lieutenant *von Geusau* im Winter 1803 alle zu diesen Operationen dienliche Maßnehmungen eingeleitet hatte, entstand in mir der Gedanke, diese so erwünschte und einzige Gelegenheit zu einem doppelten Zwecke zu benutzen, und damit eine *Gradmessung* nicht nur der Breiten-, sondern auch der Längen-Grade zu verbinden. Wem konnte ich diesen Wunsch einleuchtender vortragen, als dem *Durchlauchtigsten* Hersteller der wahren practischen Astronomie in Deutschland, welchem diese Wissenschaft schon so viele Wohlthaten verdankt. Diess ist auch zu Anfange des März-Monats 1803 in nachstehendem unterthänigst überreichten Entwurfe geschehen.

Sr.

X. *Vermessung von Thüringen u. s. w.*

Sr. Hochfürstl. Durchlaucht

dem

regierenden Herzog zu Sachsen-Gotha und Altenburg &c. &c.

unterthänigst gehorsamstes

Pro Memoria,

eine Gradmessung zur Bestimmung der wahren Gestalt der Erde betreffend.

In keinem Zeitalter hat man sich mehr und mit glänzenderm Erfolge der wahren Vervollkommnung der Erd- und Himmelskunde gewidmet, als in gegenwärtigem Jahrhundert.

Ich unternehme es nicht, *Ew. Durchlaucht* einen Abriss von den verschiedenen Bemühungen und Arbeiten zu machen, welche die Franzosen und Engländer in dem letzten Jahrzehend unternommen haben, um die wahre Gestalt der Erde zu erforschen. *Ew. Durchlaucht* sind selbst mit diesen Gegenständen genau bekannt; *Ihrer* Aufmerksamkeit entgeht nichts, was im Gebiete dieser Wissenschaft liegt; *Sie* kennen jeden Zuwachs, den sie in unsern Zeiten erhält; *Ihrem* Scharfblicke bleibt nicht verborgen, was geschehen ist, und was noch zu thun und zu wünschen übrig bleibt. Ich verweile daher nicht bey den Arbeiten, welche *Se. Majestät der König von Grossbritannien* in England durch Ihren General *Roy* haben beginnen, und nach dessen Tode durch Ihren Obersten *Williams* haben ausführen las-

Monatl. Corresp. 1804. FEBRUAR.

laſſen. Ich übergehe die *Ew. Durchlaucht* hinlänglich bekannten Details der Franzöſiſchen Meſſung von *dreyzehn* Breiten - Graden von *Dünkirchen* bis an die *Baleariſchen* Inſeln; ich erwähne nur die von *Sr. Majeſtät dem Könige von Schweden* angeordnete, wiederholte, und in gegenwärtigem Jahre ausgeführte Gradmeſſung unter dem Polar - Kreiſe; die Gradmeſſung, welche *Se. Maj. beyder Sicilien* in der Inſel Sicilien anbefohlen haben; die Gradmeſſung, welche die *Italieniſche Republik* gegenwärtig in dem Cisalpiniſchen Italien ausführen läſst.

Allein alle dieſe neuern Gradmeſſungen betreffen, ſo wie die ältern, nur die *Grade der Breite*, in der Richtung des Mittags-Kreiſes.

Durch die neueſten und allergenaueſten Meſſungen und Unterſuchungen der Engländer und Franzoſen über die wahre Gröſse und Geſtalt der Erde iſt dieſe in den Jahren 1736 bis 1745 zuerſt zur Sprache gekommene ſchwierige Frage, welche die berühmten Gradmeſſungen unter dem Polar - Kreiſe in *Lappland* und unter dem Aequator in *Peru* veranlaſst hatten, neuerdings in Anregung gekommen, und man hat über die wahre Gröſse der Abplattung unſerer Erde neue, nicht ungegründete Zweifel erhoben. Man fängt an zu ahnen, daſs unſere Erde kein durch Umdrehung entſtandener regelmäſsiger ſphäroidiſcher Weltkörper ſey. Die in Frankreich in letztern Zeiten auf dem Erd - Meridian von Dünkirchen bis Barcellona angeſtellten Azimuthal - Beobachtungen haben zum Theil ſchon angedeutet, daſs die Meridiane ſich nicht ähnlich ſind, und daſs das *Krümmungs - Ellipſoid* nicht genau ein durch Um-

wäl-

wälzung erzeugtes *Ellipsoid* sey. Die Gestalt der Erde ist also wahrscheinlich sehr zusammengesetzt, wie schon die grosse Ungleichheit ihrer Oberfläche, die verschiedene Dichte der Theile, welche sie bedecken, und die Ungleichheiten des Umfanges und der Tiefe der Meere natürlich vermuthen lassen.

Die Theorie, wie *Ew. Durchlaucht* wissen, widerspricht der Hypothese nicht, dass die Parallel-Kreise nicht auch *elliptisch* seyn können, und die Beobachtung spricht schon für diese Vermuthung.

Der Französische Astronom *De Lambre* hat über diesen Satz bey der letzten in Frankreich ausgeführten Gradmessung schon einige, wiewohl noch schwache Erfahrungen gemacht; er beobachtete genau die Richtung einer der letzten Seiten der Dreyecks-Reihe bey den Pyrenäen gegen den Mittags-Kreis; diese stimmte aber nicht mit dem überein, was die Richtung der Dreyecke bey Dünkirchen gab *), welches hätte geschehen müssen, wenn die Paral-

*) Wo aber jeder Winkel der Zwischen-Dreyecke, wie *De Lambre* zuerst bemerkt hat (*Méthodes analyt. pour la determ. d'un Arc du Mérid. pag. 87*) wegen der Convergenz der Meridiane verbessert werden muss, und nicht bloss der letzte, wie die Französischen Astronomen 1740 in der *Méridienne vérifiée* und *Boscovich* bey seiner Grad-Messung im Päbstl. Staate gethan haben, die alle Meridiane als parallel vorausgesetzt hatten; *Boscovich* fand daher zwischen dem in *Rimini* beobachteten und dem am andern Ende seiner 2° 10' entfernten Dreyecks-Reihe von *Rom* her berechneten Azimuth einen Unterschied von 1' 28"; er gibt sich im IV Buche, Nro. 298 viele Mühe, diese Differenz aus den Beobachtungen zu erklä-

Parallelen wirkliche Kreiſe wären; der Unterſchied betrug 30 Secunden, groſs genug, um die Vermuthung zu begründen, daſs die Parallelen nicht *kreisförmig*, ſondern wol *elliptiſch* ſeyn könnten.

Indeſſen, wenn dieſe Erfahrungen hinreichend waren, dieſe Vermuthung anzudeuten, ſo waren ſie es nicht, um einen ſichern Schluſs zu begründen. Der groſse Geometer *La Place*, der die theoretiſche Unterſuchung dieſer Frage ſeiner tiefſinnigen Analyſe unterwarf, bemerkte dieſs ſelbſt, und ſchlug daher in ſeinem unſterblichen Werke, *Mécanique céleste* (Vol. II Part. I Liv. III pag. 144) ein anderes Mittel vor, um dieſe wichtigen Entdeckungen gründlich zu erforſchen. Er wünſcht, daſs man die Meſſung eines auf der Mittags-Linie der National-Sternwarte ſenkrechten Bogens in der gröſsten Breite Frankreichs mit eben den Mitteln anſtellen möge, welche man bey der Meſſung des Mittags-Kreiſes gebraucht hätte. Beobachtungen der Azimuthe und der Breiten in verſchiedenen Puncten dieſes Bogens würden über die Excentricität des Erd-Ellipſoids in der Richtung der Parallel-Kreiſe weit

erklären, die mehr aus der fehlerhaften Berechnung entſtand. *De Lambre*, welcher dieſe Berechnung nach ſeiner Methode wiederholt hatte, bringt obigen Fehler auf 24" herab, welches wol eigentlich der Fehler der Beobachtung ſeyn konnte. Iſt die Frage über die elliptiſche Geſtalt der Parallel-Kreiſe entſchieden, ſo könnte auch der Streit über einen erſten Meridian bald entſchieden werden, er würde alsdann am natürlichſten nach einer der Axen dieſer Ellipſe zu legen ſeyn.

X. *Vermessung von Thüringen u. s. w.*

weit sicherere Data, und über die wahre Gestalt unserer Erde noch grosse Aufschlüsse verschaften *).

Fast alle Europäische Nationen, fast alle cultivirte Staaten haben etwas zur Kenntniss der Gestalt unserer Erde beygetragen; nur *Deutschland* hat bisher nichts dabey gewirkt. *Ew. Durchlaucht*, als dem Begründer und Stifter des schönsten Uranien-Tempels in Deutschland wäre es ganz würdig, diese schöne und grosse Unternehmung in Schutz zu nehmen, und auch diese Wohlthat zu den unzähligen hinzu zu fügen, welche *Sie* der erhabensten der Wissenschaften bisher haben angedeihen lassen. Ich wage es daher, *Ew. Durchlaucht* unterthänigst in Vorschlag zu bringen:

Imo: *Eine Messung von drey bis vier Graden der Breite, oder des Mittags-Bogens der Seeberger Sternwarte,*

IIdo: *Eine Messung von fünf bis sechs Graden der Länge, oder des auf die Mittags-Linie dieser Sternwarte senkrechten Bogens*

unternehmen zu lassen.

Nachdem *Se. Majestät der König* bey gegenwärtiger Vermessung Ihre *Ansbachischen* und *Bayreuthischen* Lande mitbegriffen haben wollen, so würde

*) Als ich dieses Project einer Längen-Gradmessung in Deutschland dem Canzler *La Place* mitgetheilt hatte, schlug er dem ersten Consul vor, dasselbe in Frankreich von Brest bis Strasburg ausführen zu lassen; allein die gegenwärtigen Kriegsrüstungen haben dieses Vorhaben vor der Hand zurückgesetzt. Man vergleiche das vorige November-Heft S. 448.

Monatl. Corresp. 1804. FEBRVAR.

würde sich die Dreyecks-Reihe dieser Vermessung gegen Süden bis nach *Ansbach* und bis an die Bayreuthische Gränze zum 49 Grad der Breite, und gegen Norden, um das *Hildesheimische* und die *von Lecoq*'schen Dreyecke zu umfassen, bis nach *Peina* und *Braunschweig* über den 52 Grad erstrecken. Diese Ausdehnung begreift schon einen Raum von mehr als drey Graden der Breite. Zu diesem geodätisch gemessenen Erd-Bogen dürfte alsdann nur der am Himmel entsprechende Meridian-Bogen mit den besten astronomischen Hülfsmitteln bestimmt werden, um diesen Theil der Gradmessung zu vollenden. Es würde alsdann ferner von *Ew. Durchlaucht* Allerhöchsten Willensmeinung abhängen, ob Sie in der Folge diese Vermessung weiter ausdehnen zu lassen geruhen wollen. Durch das *Lüneburgische*, *Lauenburgische* und *Holsteinische* könnten ohne Schwierigkeit noch zwey Grade bis an den Strand des Baltischen Meeres, in der Gegend zwischen *Kiel* und *Heiligen-Hafen*, gemessen werden, wodurch *fünf* volle Breiten-Grade des Seeberger Meridians erreicht werden könnten *).

Was den Umfang in der Länge betrifft, so haben *Se. Majestät* der König ganz Thüringen in dieser Vermessung zu begreifen, und die Verbindung mit den *v. Lecoq*'schen Dreyecken, welche sich bis *Cleve*, *Nimmwegen* und *Arnheim* zum 24 Grade der Län-

*) Diese Messung liesse sich noch ohne Anstoss bis an das Tyroler Gebirge bey *Fuessen* führen, wodurch vom Baltischen Meere bis zu dieser Gebirgskette *sechs volle Grade* gemessen werden könnten.

X. Vermeſſung von Thüringen u. ſ. w.

Länge erſtrecken, zu veranſtalten befohlen. Da *Ew. Durchlaucht* mir ferner die Verbindung *Ihres* Altenburgiſchen Fürſtenthums im 30° der Länge, mit dem *Gothaiſchen* Herzogthum aufgetragen haben; ſo erhält dieſer ganze Vermeſſungs-Raum eine Ausdehnung von *ſechs* vollen Graden in der Länge.

Der aſtronomiſche Theil dieſer Vermeſſung wäre es demnach, welcher *Ew. Durchlaucht* Schutz und Unterſtützung vorzüglich anheim fällt. Da *Höchſt-Denenſelben* bereits die meiſten und ſchönſten Hülfsmittel auf Ihrer Seeberger Sternwarte zu Gebote ſtehen, ſo dürfte nur noch die Anſchaſſung einiger Werkzeuge und Vorrichtungen hinzu kommen, um dieſen wichtigen Theil der Meſſung dergeſtalt auszuführen, daſs nach dem neueſten Zuſtände und Bedürfniſs der Wiſſenſchaften nichts dabey zu wünſchen übrig bliebe.

*

Ein Zusammendruck der Zachschen Aufsätze ist unter dem nur leicht veränderten Titel „Nachrichten von der königl. Preußischen... Aufnahme ... und von der herzogl. Sachsen-Gothaischen Gradmessung ... Gestalt der Erde" 1806 bei Becker in Gotha erschienen. Dabei ein Druckfehler-Verzeichnis S. 297f.

Nachruf Zachs auf Ernst II. von Sachsen-Gotha-Altenburg

Quelle: MC 9 (1804) Mai-Heft, unnumerierte erste 8 Seiten

Der frühe Tod Ernst II. erwies sich als *die* Zäsur im Leben Franz Xaver von Zachs. Die Nachfolger Ernst II. – zunächst seine Söhne, dann die Coburger – hatten kein spezielles Interesse an der Astronomie, respektierten aber die testamentarische Stiftung. Erst in unserem Jahrhundert wurde sie de facto ausgehungert. Damals scheuten die Verantwortlichen offenbar noch vor einer förmlichen Aufhebung zurück. Statt dessen vereinigten sie mehrere herzogliche Stiftungen in einer und wiesen dann der nunmehr Stiftungsteil gewordenen Sternwarte 1934 keine Mittel mehr zu. 1950 hat die thüringische Landesregierung die vereinigte Stiftung in einem unverfrorenen Zweischrittverfahren auch de jure aufgehoben: zunächst wurde eine *teilweise* gemeinnützige Stiftung annuliert, die nämlich *auch* die vollständig gemeinnützige herzogliche Stiftung für Kunst und Wissenschaft mit den laufenden Mitteln zu versorgen hatte. Sodann konnte festgestellt werden, daß letztere keine Mittel mehr hatte und somit aufgehoben werden durfte. Der Einigungsvertrag zwischen DDR und BRD drückte diesem Akt, der alle Grundsätze des Stiftungsrechts verletzte, den Stempel der Legitimität auf.

Abb. 24 Ernst II. von Sachsen-Gotha-Altenburg (1745-1804)

*

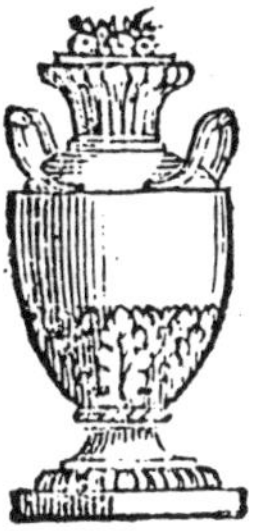

Schon das Gewand der Trauer, in das gegenwärtiger Theil unſerer Zeitſchrift gehüllt erſcheint, kündiget den Verehrern der Wiſſenſchaften einen Verluſt an, der ſchmerzlich für uns, ſchmerzlich für alle, für niemand aber ſchmerzlicher ſeyn kann, als für die Freunde der Wiſſenſchaften, welchen dieſes Blatt gewidmet iſt.

Schmerz iſt der Sterblichen Loos, und es gibt auf dieſer Welt der Thränen ſo viele! Der entwöhnte Säugling beweint die verlorne Bruſt ſeiner Mutter, die Mutter das verlorne Kind, den ſcheidenden Gatten, der verlaſſene Waiſe ſeine Eltern; der innere verborgene Kummer, der langſam an der Knoſpe unſeres frohen Daſeyns nagt, weint ungetheilt ſtille Thränen. In die tiefſte

Schwermuth verſenkt, weinen wir laute Thränen um unſeren unvergeſslichen Wohlthäter. Alle Freunde der Wiſſenſchaften theilen dieſen Schmerz mit uns und beweinen ihren eifrigſten, aufgeklärteſten und liberalſten Freund. Wir, die wir in ſeiner wohlthätigen Nähe uns befanden, beweinen mit noch gröſserer Wehmuth den irdiſchen Untergang eines groſsen und unvergänglichen Geiſtes, den Untergang ſo vieler groſsen fürſtlichen und ſtillen häuslichen Tugenden.

ERNST DER ZWEYTE, der berühmte Herzog von Gotha, der Stifter und Erbauer unſerer Sternwarte, dieſer ſeltne, unter den Fürſten aller Jahrhunderte ausgezeichnete Freund, Kenner und Beſchützer der Wiſſenſchaften, der für ſeine geſchäftsfreyen Erholungsſtunden kein edleres Vergnügen kannte, als dasjenige, welches aus der Beſchäftigung mit ernſten Wiſſenſchaften entſpringt, der jeden Aufwand für ſeine Perſon verſchmähend, keinen für Wiſſenſchaften und Künſte zu groſs fand, und der ihnen darin das Opfer eigener Erſparungen darbrachte, der die Kenntniſs des Himmels ſo achtete, daſs er jedes andere Denkmahl, jede Inſchrift auf ſeinem Grabe verbittend, die Anſtalt, die er der Beobachtung der Geſtirne widmete, und die er nicht bloſs ſchuf, ausſtattete,

ſondern

ſondern die er auch nach ſeinem Tode erhält, allein zu ſeinem Denkmahl erwählt — — dieſer edle Fürſt, dieſer Genius der Wiſſenſchaften und der Himmelskunde in Deutſchland, in Europa, iſt nicht mehr!

Eine ſchnell zunehmende Abzehrung, der ſein Körper eher erlag, als ſein Geiſt, entriſs ihn der Welt in der Nacht vom zwanzigſten zum ein und zwanzigſten April, im ſechzigſten Jahre ſeines Lebens, im drey und dreyſsigſten ſeiner Regierung, wie alle öffentliche Blätter bereits verkündigt haben. Dieſen und anderen ſeiner würdigen Schriften überlaſſen wir auch zu ſchildern, was er als Regent ſeinen Landen, ſeinen Unterthanen war, und die Verdienſte, die er ſich um andere Wiſſenſchaften erwarb. Uns erlaubt heute der Schmerz nur einige Worte, um die tiefe Trauer der himmliſchen Sternkunde zu rechtfertigen, und einige Blumen auf ſein friſches Grab zu ſtreuen.

Mit einem ſeltnen, ſelbſt unter Privatperſonen ungewöhnlichen Eifer umfaſste und liebte er früh dieſe Wiſſenſchaft. Bis an den letzten Tag ſeines Lebens brachte er ihr mit fürſtlicher Freygebigkeit jedes Opfer dar, das er ihr zu bringen vermochte.

Aus England, Frankreich, Deutſchland, von den erſten Künſtlern in Europa lieſs er die Werkzeuge herbeyſchaffen, die die Freunde der Wiſſenſchaft, welche dergleichen zu ſchätzen wiſſen, aus dieſer Zeitſchrift und aus den Beſchreibungen der von ihm erbauten Sternwarte kennen und bewundern.

Nicht zufrieden, zu ſeinem eigenen Vergnügen und zu ſeiner Erholung eine Gelegenheit zur täglichen Beobachtung des Himmels in der Nähe in dem herzoglichen Schloſſe ſelbſt zu haben, gründete er zur *Erweiterung der Wiſſenſchaft* die in ganz Europa berühmte, von Gelehrten aus allen Ländern beſuchte *Sternwarte auf dem Seeberge.*

Als Kenner arbeitete, beobachtete und berechnete er ſelbſt, und half Schriften vollenden, oder gab zu ihrer Bekanntmachung die Koſten her, welche ſeinen Namen über einen *ALPHONSVS VON CASTILIEN*, einen *WILHELM VON HESSEN*, einen *KAISER RVDOLPH* der Nachwelt erhalten werden, und die in der letzten Zeit unternommene, noch nicht vollendete Gradmeſſung, die erſte in Deutſchland, und bis jetzt einzig in ihrer Art, macht ſein Verdienſt dem Verdienſte der gröſsten Könige und der geprieſenſten Regierungen gleich, mit dem Unterſchiede, daſs er eine ſolche Unternehmung aus eigener Einſicht beſchloſs und den Aufwand aus Erſparungen an ſeiner eigenen

Perſon

Perſon darzu hergab, und ſo das Verdienſt des Kenners, des Unternehmers, des Beſchützers — die Tugenden eines aufgeklärten Gelehrten mit den Tugenden eines groſsmüthigen wohlwollenden Fürſten in einer Perſon vereinigte. Wie gerecht iſt unſere Trauer! wie unvergänglich ſein Ruhm!

So lange die Geſchichte — die mit der menſchlicher werdenden Welt gerechter werdende Geſchichte — auch die Verdienſte menſchlicher Regenten aufbewahrt — ſo lange die Wiſſenſchaft dauert, die den geſtirnten Himmel beobachtet — die Wiſſenſchaft, welche die erſte auf der Erde auch die letzte unter den Menſchen ſeyn wird — ſo lange wird auch der Name ERNST und GOTHA dauern, und ſollte ſelbſt das Denkmahl, das er allein zu ſeinem Ruhme erkor, der Vergänglichkeit menſchlicher Werke nicht mehr trotzen, vielleicht in der Zerſtörung wilder Barbaren untergehen, ſo wird die Wiſſenſchaft ſelbſt, ſo wird die Geſchichte ihrer Entdeckungen ſein unvergängliches Monument ſeyn, und ſein unvergeſslicher Name am Himmel prangen, ſo lange Geſtirne am Firmamente glänzen.

Alle Gelehrte, alle Freunde der Wiſſenſchaften, alle Kenner und Beſchützer der Sternkunde in Europa und in andern Welttheilen theilen mit uns unſere

unſere Trauer, und die gerechte Verehrung eines Fürſten, der durch ſeine Verdienſte um den menſchlichen Geiſt nicht mehr ſeinem Lande, nicht mehr Deutſchland, nicht mehr ſeinem Zeitalter, ſondern allen Ländern und allen Zeiten angehört.

Noch oft werde ich auf IHN und auf ſeine Verdienſte auch in dieſer Zeitſchrift zurück kommen; heute begnüge ich mich, ihr den Theil ſeines letzten Willens einzuverleiben, welcher die Dauer der *Erneſtiniſchen Sternwarte* auf immer begründet, und ihren Ruhm mit dem Ruhme des Hauſes SACHSEN verbindet.

"*Ich habe mit anſehnlichem Koſten-Aufwand*" (dies ſind die eigenhändig von dieſem verewigten Fürſten niedergeſchriebenen Worte des Teſtaments) „*eine Sternwarte ohnweit dieſer Stadt Gotha auf* „*dem Seeberge angelegt, und die Koſten dazu aus* „*meinen Erſparniſſen, ohne einen auch nur ſo ge-* „*ringen Beytrag irgend eines öffentlichen Fonds* „*zu begehren, aufgebracht. Dieſes Inſtitut, das* „*in kurzer Zeit allenthalben berühmt, und von* „*auswärtigen Gelehrten beſucht worden iſt, wün-* „*ſche ich nach meinem Tode fortgeſetzt, und zum* „*Nutzen der Wiſſenſchaften erhalten und unter-* „*halten zu ſehen. Ich ſetze daher aus demjenigen,* „*was ich mit Recht mein Privat-Vermögen nen-*

„*nen*

„nen kann, annoch ein Capital von vierzig tau-„ſend Reichsthaler dergeſtalt aus, daſs der Stock „ſelbſt unablöslich bey hieſiger Kammer-Caſſe „ſtehen bleibe, die Zinſen deſſelben aber, zu vier „vom Hundert gerechnet, jährlich zu Beſoldung „und Unterhaltung der Gebäude und nothwendiger „Inſtrumente angewendet werden ſollen . . . . .

. . . . . „Zweckdienliche Inſtrumente müſsten „jedesmahl als eine neue und unentbehrliche auſser-„ordentliche Ausgabe angeſehen werden; allein „der Fall dürſte einmahl nicht oft eintreten, und „ſo werden, zweytens, die neuen Inſtrumente als „Inventarien-Stücke anzuſehen ſeyn; es bleibt mit-„hin das Ganze dem Hauſe, und wird nicht we-„nig zu deſſen Glanze und Ruhme in der gelehr-„ten und wiſſenſchaftlichen Welt beytragen. . . .

„Ich empfehle daher meinen Erben und Nach-„folger, dies gelehrte, nützliche, und dem Glanze „des Hauſes zur Ehre gereichende Inſtitut aufs „angelegentlichſte, und hoffe dabey keine Fehlbitte „zu thun, weil ich hiermit ausdrücklich verordne, „mir auf keinerley Art und Weiſe ein anderes „Ehrendenkmahl,) als durch die ſorgfältige Er-„hal-*

*) In einem Codicille verbittet ſich dieſer unvergeſsliche Fürſt nochmahls jedes Monument mit folgenden Wor-ten:

„haltung der Sternwarte zu ſetzen. Dieſe Eitel-„keit iſt verzeihlich, und um ſo verzeihlicher, da „ſie wirklich zum Wohl und der Ausbreitung nütz-„licher menſchlicher Kenntniſſe nicht wenig bey-„tragen, und ſelbſt zur Ehre meiner Nachfolger „gereichen wird."

Den Freunden der Wiſſenſchaften darf ich die gegründete Verſicherung geben, daſs von ſeinem Nachfolger, dem jetzt regierenden Durchlauchtigſten Herzog, EMILE LEOPOLD AVGVST, der ſchon die denkwürdigſten auch in dieſer Zeitſchrift geprieſenen Proben ſeiner Liebe für Künſte und Wiſſenſchaften gegeben hat, der Wille des Vaters nicht nur erfüllt, ſondern übertroffen werden wird.

---

ten: *"Ausdrücklich verbitte ich mir jedes zu meinem An-„denken zu errichtende Denkmahl, es ſey ein Leichenſtein, „Grabſchrift oder irgend ein Monument bey oder auf „meinem Grabe."*

Reisen in den mittäglichen Provinzen von Frankreich

Diesen Titel habe ich natürlich mit Absicht in Anlehnung an denjenigen Thümmels [41] gewählt, der im nahen Coburg – aber auch zeitweise in Gotha – tätig war. Zach hatte schon früher in mehreren Bänden des BAJ über astronomische Ergebnisse von Reisen mit dem Herzogspaar nach Südfrankreich berichtet, speziell auch von der Nutzung eines Befestigungsturms in Hyères als Observatorium. Hier ein etwas späteres Beispiel seiner unnachahmlichen Mischung von Schilderungen von Land und Leuten – auch der Folgen der französischen Revolution! – und von Wissenschaft im engeren Sinne. Es belegt zugleich Zachs Rolle bei der Institutionalisierung der Astronomie in Südfrankreich.

Wie so häufig, kommt es auch zu historischen Erörterungen; dabei ehrt es Zach, daß er die Methode der an den Wolken reflektierten Pulverblitze bei bewölktem Himmel (für die Zeitübertragung auf großen Strecken) an ihren ersten Finder Cassini „zurückgibt", als er dessen Priorität bemerkt. Schließlich sind diese Reisen und Messungen eine Vorstufe für seine große Arbeit über die Abweichung der Lotlinie durch die Anziehung von Gebirgsmassen [45].

Denkwürdig ist die Rolle, die der Mont Ste. Victoire bei Zachs Messungen spielte, eben derselbe Berg, den Cezanne später oft gemalt und dem Handke ein Buch gewidmet hat. Eine andere wichtige Station Zachs befand sich näher an Marseille auf dem Mt. Mimet bei der Kirche Notre Dame des Anges; zur Erinnerung an seine dortige Tätigkeit hat der aus der Oberlausitz stammende, ab 1860 in Marseille tätige W. E. L. Tempel einem der fünf von ihm entdeckten kleinen Planeten den Namen Angelina gegeben (Nr. 64 der Liste der gesicherten Objekte, AN 55(1861)63). Schon über diese etwas unklassische Namensform haben sich damals Puristen aufgehalten; die Nr. 65, die Tempel zu Ehren des Bayernkönigs Maximiliane nennen wollte, verlor diesen Namen sogar aus den gleichen Gründen. Dieser Vorgang war wiederum Anlaß des einzigen Films von Max Ernst: „Maximiliana oder Die widerrechtliche Ausübung der Astronomie". Quelle: MC 13 (1806) 45

---

*

IV.

Aſtronomiſche Beobachtungen und Bemerkungen auf einer Reiſe in das ſüdliche Frankreich im Winter von 1804 *auf* 1805.

Caſſini de Thury gibt in ſeinem Werke: *La Meridienne de l' Obſervatoire royal de Paris, vérifiée dans toute l' étendue du Royaume par de nouvelles Obſervations, Paris*, 1744, eine ſehr umſtändliche Beſchreibung der Operationen, welche er mit dem Abbé *de la Caille* oder vielmehr, welche der berühmte *Abbé* ſelbſt *) im ſüdlichen Frankreich unter

*) Man ſchreibt die Ehre dieſer Längen-Gradmeſſung gewöhnlich dem *Caſſini de Thury* zu, da er ihre Beſchreibung im oben angezeigten Werke gegeben hat; er bekennt aber ſelbſt, daſs ſie dem unermüdeten und fleiſsigen Abbé *de la Caille* zukomme;, „*Je me* „*rendis à Paris*," ſchreibt er in ſeinem *Diſcours pré-* „*liminaire, pag.* 17. „*M. de la Caille reſta en Langue-* „*doc, et après avoir meſuré une baſe de* 9353 *toiſes*, $\frac{2}{3}$ „*dans la plaine de la Crau, il forma une ſuite des* „*triangles, par laquelle il détermina la longuer de* „*l' arc du parallele, terminé par les Meridiens des deux* „*Hermitages.*" *Caſſini* hatte alſo keinen andern Antheil an dieſer Gradmeſſung, als daſs er zu *Cette* die Pulverſignale beobachtete und den himmliſchen Längenbogen beſtimmen half, wozu zwey Aſtronomen nöthig waren.

unter der Breite von 43° 32′ in den Jahren 1739 und 1740 ausgeführt hatte, um die Gröſse eines Längen-Grades unter dieser Breite zu bestimmen.

Die beyden Endpunkte dieser Gradmessung sind zwey auf hohen Bergen gelegene Einsiedeleyen; die eine auf dem *Mont Ste. Victoire*, drey *Lieues* östlich von *Aix* in der Provence, die zweyte *St. Clair*, auf einem Berge bey *Cette*, einem kleinen Seehafen am Mittelländischen Meere im vormahligen Languedoc, sechs *Lieues* südwestlich von *Montpellier*. Diese beyden Endpunkte sind durch vier groſse und wohlgeordnete Dreyecke mit einander verbunden, welche ungefähr in ihrer Mitte bey der Stadt *Salon* eine der schönsten und längsten in Frankreich gemessenen Grundlinien von 9353 Toisen einschlieſsen. Diese beyden Berge sind so hoch und zu der bezweckten Absicht so vortheilhaft gelegen, daſs sie alle umliegende Berge beherrschen, und, obgleich 40 *Lieues* oder 1° 53′ in der Länge von einander entfernt, doch beynahe bis auf wenige Minuten in demselben Parallel liegen.

Von diesen beyden Bergen, wo man eine malerische und bezaubernde Aussicht über die ganze umherliegende Gegend hat, kann man im entfernten Horizonte die ganze Bergkette der Pyrenäen, des Delphinats, der obern und untern Provence, den *Mont Ventoux*, den *Canigou*, die offne See, das Delta des Rhônes (*Bouche du Rhône*), die Insel *Camargue*, die dieser Fluſs bildet, und den darauf befindlichen Marktflecken am Strande des Meeres, *les Saintes Maries* am Ausflusse des kleinen Rhones

oder

oder sogenannten *Rhodannet* überblicken. Auf dem Kirchdache dieses Marktfleckens liessen unsere Astronomen des Morgens oder Abends die Pulversignale geben, welche zu gleicher Zeit *Cassini* auf dem Berge bey *Cette* und *la Caille* auf dem *Mont Ste. Victoire* nach wohlberichtigten Uhren beobachteten, und so den zu den geodätisch gemessenen Erdbogen correspondirenden Himmelsbogen durch wiederholte Versuche so genau als möglich bestimmten.

Diese Operation, eine der ersten, und einzigen in ihrer Art, welche bis jetzt ausgeführt worden ist, war ganz in Vergessenheit gerathen, da man zur Erörterung der wahren Gestalt der Erde mehr Aufmerksamkeit auf die Bestimmungen der Breitengrade verwenden zu müssen glaubte, jene nicht so nothwendig als diese, oder ihre Ausführung für zu schwierig und unsicher hielt, daher selbst die classischen französischen Schriftsteller derselben kaum oder nur im Vorbeygehen erwähnen, wie z. B. *La Lande* in seiner *Astronomie*, Tom. III., Art. 2709, und erst neuerlich in der *Conn. des tems, Année XV*, *pag.* 330, wo er bey Erwähnung unserer Längen-Gradmessung in Thüringen sagt: „*qui* „*nous manque encore, malgré les efforts de Cassini* „*dans ce genre.*"

Ein englischer Messkünstler, der General *Roy*, läſst dieser Arbeit mehr Gerechtigkeit widerfahren. In seinen *Account of the trigonometrical operation* etc. in den philosophischen Transactionen Sectio VI, Art. 14. fällt er von dieser Messung das günstige Urtheil, „*daſs solche die beste in ihrer Art sey, wel-*

„*che*

„*che je in irgend einem Lande ausgeführt worden,*" vergleicht sie mit seinem Längengrad in der Grafschaft *Kent* unter der Breite von 51° 6' 50" und findet, dafs solcher in der bekannten *Bouguer*'schen Hypothese der Gestalt der Erde bis auf sechs englische Fufs mit jenem übereinstimme.

Mit einer ähnlichen Operation beschäftigt mufste diese Arbeit natürlich unsere gröfste Aufmerksamkeit auf sich ziehen, und eine nähere Untersuchung veranlassen, welche selbst General *Roy* unterlassen und sich blos mit den von *Cassini* gefolgerten Resultaten begnügt hatte. Da seit dem Jahr 1739 die astronomischen Theorien ansehnlich vervollkommnet worden, Data und Elemente der Berechnungen sich verändert und verbessert haben, so konnten, wenn auch nicht bey dem geodätischen, doch gewifs bey dem astronomischen Theil dieser Messung, wo Strahlenbrechung, Parallaxe, Declination der Sonne und Sterne, Präcession, Aberration, Nutation u. d. m. als Rechnungs-Elemente nothwendig gebraucht werden, doch solche Veränderungen dadurch hervorgebracht werden, welche einen namhaften Einflufs auf das Ganze haben konnten; und wenn auch dieses nicht der Fall wäre, sey es, dafs dieser Einflufs zu unbedeutend oder die verschiedenen Elemente diese Wirkungen selbst gegenseitig autheben, so mufste doch, um sich davon zu versichern, diese Untersuchung von vorne wiederholt werden, welches wir dann auch, so weit es die von diesen beyden Astronomen uns hinterlassene Data zuliefsen, ganz ausgeführt haben, wie wir dieses in der Folge näher anzeigen werden.

Bey

IV. Aſtronom. Beob. im ſüdl. Frankreich

Bey dieſer genauern und ſtrengern Unterſuchung ſchien es uns daher, als ob der geodätiſche Theil dieſer Meſſung vorzüglich gut ausgeführt worden ſey, denn er kann als eine für ſich ganz allein beſtehende und auf ſeine eigene Baſis von *Salon* beruhende trigonometriſche Operation angeſehen werden, welche bis auf wenige Toiſen mit der von Paris auf 300000 Toiſen hergeleiteten, und durch die Perpignan'er Baſis verificirten Dreyecks-Reihe übereinſtimmt.

Nicht ſo der aſtronomiſche Theil dieſer Meſſung, welcher den himmliſchen Längenbogen von *Ste. Victoire* und *Cette* beſtimmt. Die Anzahl der beobachteten Pulverſignale war viel zu gering, um bey einer ſo ſchwierigen und delikaten Beſtimmung ein ſehr genaues Reſultat zu geben. Es wurden ihrer nur *vier* in allem beobachtet, deren gröſte Differenz auf eine und eine halbe Zeit-Secunde oder 22,"5 im Bogen ging, welche in dieſem Parallel 260 Toiſen betragen, eine Gröſse, die beynahe das ganze Quantum oder den ganzen Unterſchied zwiſchen der ſphäriſchen und elliptiſchen Geſtalt der Erde ausmacht. Auch ſind dieſe Beobachtungen zu einer ſehr ungünſtigen Jahreszeit, im December und Januar vorgenommen worden, wo auf dieſen hohen Bergen ziemlich ſtarke Kälte eintritt, da das Thermometer nicht ſelten ſelbſt im Aix, Marſeille, und Montpellier zehn und mehr Grade unter dem Gefrier-Puncte anzeigt. Die Pendeluhren waren im Freien aufgeſtellt, hatten zu den damahligen Zeiten noch keine Compenſationen; Chronometer oder

tragbare genaue Secunden-Uhren exiſtirten damahls noch nicht, die Kälte muſte alſo dieſe Uhren und ihren Gang nothwendig ſtark afficiren. Schade, daſs, um dieſes näher zu beurtheilen, dieſe Aſtronomen die correſpondirenden Sonnen- und Sternhöhen, den Stand und Gang ihrer Uhren nicht aufbehalten und mitgetheilt haben; ſie berichten uns blos, daſs ſie ihre Uhren täglich durch mehrere correſpondirende Sonnen- und Sternhöhen berichtiget haben, und daſs ihnen deren Gang vollkommen bekannt war; ſie ſagen, daſs es zu lang und ganz unnöthig ſey, alle dieſe Beobachtungen im Detail anzuführen, und geben alſo nur bloſs die auf beiden Seiten beobachteten wahren Zeiten der Pulver-Signale an. Wahrſcheinlich ſind dieſe vier beobachteten Feuer-Signale auch nur eine Auswahl von mehreren verunglückten; dieſs ſcheint *Caſſini* in ſeinem *Disc. prélim.* pag. 16 ſelbſt anzudeuten, da er vom Ungemach der Witterung und davon ſpricht, daſs ihnen dieſe Längenbeſtimmungen viel Zeit und faſt einen ganzen Monat Aufenthalt auf dieſen Eremitagen gekoſtet habe, „*à cauſe de l'intemperie de*
„*l'air qu'il faiſoit dans cette ſaiſon; de ſorte que*
„*nous ne pûmes avoir que quatre obſervations*
„*correſpondantes du ſeu de la poudre à canon,*
„*qui fuſſent faites dans toutes les circonſtances ré-*
„*quiſes.*"

Aus allen dieſen und ſchon allein aus der gar zu geringen Anzahl dieſer Längebeſtimmung folgt, daſs dieſer ſchönen Meſſung offenbar nichts ſo ſehr, als eine Wiederholung dieſer Längenbe-

obach-

obachtungen durch Pulversignale mangelt, und zu wünschen übrig bleibt.

Da ich im Winter von 1804 auf 1805, wo in unsern rauhen Gegenden alle geodätische Arbeiten auf viele Monate eingestellt bleiben müssen, Gelegenheit hatte, eine Reise in das südliche Frankreich zu unternehmen, um diesen Winter daselbst zuzubringen, so war meine Aufmerksamkeit sogleich auf diesen schönen Schauplatz der Längen-Gradmessung und meine Absicht vorzüglich dahin gerichtet, die Messung dieses himmlischen Bogens zwischen *Ste. Victoire* und *Cette* zu wiederholen und auszuführen. Ich rechnete dabey vorzüglich auf die Beyhülfe zweyer zwanzigjährigen astronomischen Freunde in Marseille, welche der Sturm der Revolution verschont hatte, oder vielmehr, welche nur durch Wunder demselben glücklich entkommen waren. Diese beyden Freunde waren *Mr. Thulis* *), jetziger Dire-

D 2 ctor

*) *Mr. Thulis* lief mehrmahls Gefahr, als Aristokrat guillotinirt zu werden. In der Schreckenszeit flüchtete er nach *Brignolles*; Sein Bruder hatte noch mehr Ansprüche auf das Blutgerüste, denn er war reich und beym Ausbruch der Revolution *premier Echevin de la ville*; er flüchtete nach Lyon, wo er starb; sein Haus in Marseille wurde niedergerissen und dem Boden gleich gemacht. *Mr. Bernard* war Mitglied eines beliebten, aber im Drang und Wechsel der Umstände nachher proscribirten Comité's in *Draguignan*; alle Mitglieder desselben wurden ohne Ausnahme gehangen, erschossen und massakrirt; er allein entkam durch die Flucht.

ctor der Marseiller Sternwarte, und Nachfolger des verdienstvollen *St. Jaques de Silvabelle*, und *Mr. Bernard*, vormahligen Adjuncten an derselben Sternwarte, welche Stelle er aber während der Revolution gegen die eines *Ingenieur en Chef des Ponts et Chaussées* vertauscht hatte. In dieser Hoffnung und zu dieser Absicht hatte ich ein zweyfüſsiges Passagen-Instrument von Ramsden, einen Mendozaischen Spiegelkreis, zwey Troughton'sche Sextanten mit ihren künstlichen Horizonten, zwey achromatische Fernröhre und vier der besten Emery'schen Chronometer mitgenommen.

Als ich den ersten December 1804 nach *Aix* kam, erkundigte ich mich sogleich nach allen Umständen einer Reise nach den *Mont Ste. Victoire*, muſste aber zu meinem Verdruſse erfahren, daſs die Eremitage seit der Revolution gänzlich zerstört und verlassen, der Einsiedler verschwunden, und eine Reise dahin nicht ohne Gefahr sey, wegen des vielen durch die lange Anarchie erzeugten schlechten Gesindels, auf welches die nunmehr gut organisirte *Gendarmerie* seit einem Jahre Jagd gemacht, und in die verborgensten Gebirgswinkel verdrängt hatte. Man rieth mir daher, wenn ich eine solche Excursion wagen wollte, solche nicht allein, oder in kleiner wehrloser Gesellschaft zu unternehmen, sondern mich von *Gendarmes* begleiten zu lassen, welche ich auf Ansuchen leicht erhalten würde. Da ich nichts ohne vorher genommene Verabrednng mit meinen Marseiller Freunden, welche ich noch nicht gesehen und gesprochen hatte, unternehmen konnte, te, ſo lieſs ich es bey dieſen eingezogenen Erkundigungen indeſſen bewenden. Allein, da ich in wenigen Tagen darauf den 3 Decbr. nach Marſeille kam, muſste ich ſogleich zu meinem gröſsten Leidweſen erfahren, daſs mein ganzes Vorhaben mit groſsen Schwierigkeiten verknüpft und ſchlechterdings unausführbar ſey. Mr. *Bernard* war nicht mehr in Marſeille wohnhaft, ſondern in *Trans* bey *Draguignan*, 30 Lieues von Marſeille im *Département du Var* angeſtellt. Er ſchrieb mir auf meine Aufforderung und Einladung, an meinem Projecte Theil zu nehmen, daſs er ſeinen Poſten wegen der vielen Geſchäfte, welche ihn in ſeinem Departement zurückhielten, nicht verlaſſen könnte; verſprach mir aber, mich in Marſeille oder Hyeres, (wo er mir näher war) zu beſuchen, welches er jedoch bey meinem viermonatlichen Aufenthalt in der Provence nicht zur Ausführung bringen konnte, ſo daſs ich dieſen Freund dieſsmahl gar nicht zu Geſicht bekam. *Mr. Thulis* konnte und durfte ſeinen Poſten und ſeine Vorleſungen in Marſeille gleichfalls nicht verlaſſen; ich muſste demnach das nützliche Vorhaben, die Wiederholung der Längenbeſtimmung zwiſchen *Ste. Victoire* und *Cette* aus Mangel zweyer unentbehrlichen aſtronomiſchen Gehülfen nothgedrungen aufgeben. Um indeſſen nichts unverſucht zu laſſen, und doch etwas auszuführen, was bey ſo bewandten Umſtänden auszuführen möglich war, faſste ich den Entſchluſs, wenigſtens die wahre Länge des einen Endpunctes der Gradmeſſung, des *Mont Ste. Victoire* feſtzuſetzen, und dieſen vermit-

telſt

telst der Pulversignale mit der Marseiller Sternwarte in Verbindung zu bringen, wozu sich die Localität, und sehr gute Gelegenheiten darboten. Zu diesem Ende entschloss ich mich, wieder nach *Aix* zurückzukehren, eine vorläufige Reise nach dem *Mont Ste. Victoire* zu versuchen und die nähern Umstände in Betreff dieser Pulver-Signale auszukundschaften. Bey dieser Gelegenheit wollte ich die Bedeckung der Plejaden, welche den 14 December Statt hatte, benutzen, und dieselbe wo möglich in der zerstörten Eremitage zu *Ste. Victoire* beobachten. Ich kam den 13 December nach *Aix* und stieg im *Hôtel des Princes* auf dem *Cours* ab, wo ich schon vormahls gewohnt und den Wirth *Mr. Alary* als einen jungen, feurigen, dienstfertigen in Spanien vielgereissten *Provençal* näher kennen gelernt hatte. Ich hatte schon in Marseille in Erfahrung gebracht, dass, wenn ich bey den Behörden zu meiner Sicherheit um Begleitung von der Gendarmerie und um Erlaubniss anhielte, Pulver-Signale auf Bergen zu geben, Beobachtungen anzustellen u. dergl., mir solches gewiss nicht versagt werden würde, wie ich dieses auch in der Folge und bey andern Gelegenheiten genugsam mit dem grössten Zuvorkommen und Bereitwilligkeit erfahren hatte; so befürchtete ich anfänglich doch, dass dieses mit zu viel Weitläuftigkeiten verbunden seyn würde, und wagte es daher diese Versuchs-Reise auf den *Mont Ste. Victoire* für mich allein und auf meine eigene Gefahr zu unternehmen. Da die Bedeckung der Plejaden zwischen zwey und vier Uhr des Morgens vorfiel, so wäre es des-

deshalb nöthig geweſen, dieſe Nacht auf dem Berge zuzubringen, da aber daſelbſt ſeit der Zerſtörung der Eremitage und Vertreibung des Einſiedlers kein Unterkommen mehr zu finden iſt, ſo ſchien es ein in dieſer Jahreszeit zu gewagtes und unausführbares Unternehmen zu ſeyn, auf dieſer von allem Holz, Geſträuch oder Buſchwerk entblöſsten Höhe eine Nacht unter freiem Himmel auf dem nakten ſchroffen Fels zubringen zu wollen, und zu welcher Luſtparthie ich auch weder Reiſegefährten noch Bothen würde haben finden können. Ich beſchloſs daher, die Bedeckung der Plejaden in *Aix* im *Hôtel des Princes* zu beobachten, und die Reiſe auf den *Mont Ste. Victoire* einen andern Tag zu unternehmen, und den Längen-Unterſchied der Eremitage mit dem *Hôtel* in Aix vermittelſt der Chronometer zu beſtimmen.

Den 14, 15, 16 und 17 December hatte ich in meinem *Hôtel* 30 bis 40 correſpondirende Sonnenhöhen zur Beſtimmung des wahren Mittags und vom 16 auf den 17 Decbr. zur Beſtimmung der wahren Mitternacht genommen. In der Nacht vom 14 auf den 15 Decbr. beobachtete ich die Bedeckung der Plejaden mit einem zweyfüſsigen Ramsden'ſchen Achromaten folgendermaſsen.

Eintritte	Mittl. Zeit.		
Electra	14ᵘ	3'	17,"9
Maja	14	21	3, 4
Merope	14	38	45, 3
Alcyone	15	6	7, 2
Atlas	15	44	24, 1
Plejone	15	45	39, 6

Austritt	Mittl. Zeit.		
Alcyone	16ᵘ	1'	28,"0

Mr.

Monatl. Corresp. 1806. *JANUAR.*

Mr. Thulis beobachtete dieselbe Bedeckung auf der Sternwarte in Marseille laufende Wolken erlaubten ihm nur folgende Ein- und Austritte wahrzunehmen.

Eintritte	Mittl. Zeit.		
Electra	14ᵁ	2′	53″6
Austritte	**Mittl. Zeit.**		
Alcyone	16ᵁ	1′	41,″7
eines and. *	16	37	47, 6

Mr. de Flaugergues zu Viviers, welchen wir auf unserer Fahrt auf dem Rhône von Lyon nach Avignon den 23 Novbr. daselbst besucht hatten, überschickte uns folgende correspondirende Beobachtung derselben Bedeckung.

Eintritte	Mittl. Zeit.		
Electra	13ᵁ	59′	27,″0
Merope	14	33	47, 0
Alcyone	15	1	46, 2
Austritt	**Mittl. Zeit.**		
Electra	14ᵁ	56′	9,″5

Den 15, 16 und 17 Decbr. nahm ich in demselben *Hôtel* mehrere Circummeridianhöhen der Sonne, diese gaben mit der Bradley'schen Refraction folgende Breiten für das *Hôtel des Princes:*

1804.		Breite.
Decbr.	15	43° 31′ 33,″1
	16	37, 1
	17	36, 3

Den 18 December unternahm ich meine Reise auf den *Mont Ste. Victoire.* Mein Hauswirth, *Mr.*

IV, Aſtronom. Beob. im ſüdl. Frankreich.

Mr. Alary, ein Bürger aus Aix, bey welchem wir unſere Pferde und Maulthiere gemiethet hatten, ſein Knecht, welcher das mit unſern Inſtrumenten beladene Maulthier führte, mein Bedienter und ein Bothe, welchen wir am Fuſse des Berges mitgenommen hatten, in allem, ſechs Perſonen, machten die ganze Caravane aus. Wir ritten früh um 3 Uhr bey hellem Mondenſchein und dem ſchönſten Wetter bey etwas kalter aber immer reinen Himmel bringenden *Miſtral-Luft* aus Aix; das Thermometer zeigte zwar nur + 2° Réaumur, aber die trockene Kälte war ſehr empfindlich und durchdringend, unſern Provençals ſchien ſie faſt grimmig. Um 7 Uhr langten wir in *Cabaſſol* bey dem Städtchen *Vauvenargues* am Fuſse des Berges an. Wir ſtiegen bey einer ſchlechten Baſtide bey der *Madame la Prevôte* du *Mont Ste. Victoire* ab; dieſe ſogenannte *Madame la Prevôte* oder *Pröbſtin* war nichts anders, als eine ganz gemeine Bauersfrau, welche nicht einmahl Franzöſiſch, ſondern nur das gemeine Provençal ſprach. Zu dieſer alten Frau hat man bey dem Kirchen- und Klöſterſturm der Revolution und ſeitdem die Einſiedeley auf dem Berge zerſtört, und der Einſiedler verjagt worden, die wunderthätige Bildſäule der heiligen *Victoria* geflüchtet, wo ſie ſeitdem in ſicherer Verwahrung ſteht.

Hier erhielten wir unſern der Gegend und des Berges kundigen Bothen. Wir lieſsen unſere Pferde in *Cabaſſol*, nahmen nichts, als unſer mit Inſtrumenten und Proviſionen bepacktes Maulthier und eines mit Holz beladen mit uns, und beſtie-

gen

gen den Berg zu Fuſse von der Nordſeite, von wo aus er allein, ſo wie die meiſten Berge der Provence, zugänglich iſt, da er von der Südſeite ſenkrecht abgeſtürzt und mit ſchroffen Felſen beſetzt iſt. Keine Straſse, kein Weg, kein Fuſsſteig führt auf dieſen Berg, der Weg iſt nirgend und überall; kein Baum, kein Gebüſch, kein Geſträuch gibt dem ermüdeten und erhitzten Wanderer Schatten; der Berg iſt durchaus nackt und kahl, nur mit wohlriechenden Kräutern, mit wilden Lavendel, Quendel, und Thimian *) bewachſen; daher er von allen Seiten und in allen Richtungen auf verwitterten Kalkſteinen gangbar iſt. Wir beſtiegen den Berg, um ihn nicht zu Steil hinan-

*) Auf Provencaliſch *Farigoul* genannt; dieſes Kraut und dieſes Wort ſpielte in der Revolutionszeit eine groſse Rolle in der Provence. Alle, welche ſich zu der berüchtigten Bergparthey in dem Pariſer National Convent bekannten, trugen einen Strauſs von dieſem Kraut auf ihren Hüthen, Mützen, und in den Knopflöchern, und verfolgten diejenigen, welche keine *Farigoul* trugen, nicht *de la Farigoul* waren; vermeintlichen Ariſtokraten, Prieſtern wurde dieſes Kraut mit Gewalt unter die Naſe geſtoſsen und zu riechen gegeben, daher der Geruch dieſes Krautes noch bey vielen, welche dergleichen Miſshandlungen erfahren muſsten, ſchreckhafte und krampfhafte Empfindungen hervorbringt. Aehnliche und ſehr ſonderbare idioſinkraſtiſche Wirkungen aus der Revolutionszeit könnte man viele anführen. So kann *Mr. Thulis*, ſeitdem er Bäche von Blut flieſsen ſah, keinen rothen Wein mehr dulden, er erregt fieberhafte Empfindungen bey ihm.

anzuklettern, in Schlangenlinien, und genoſſen mit jedem Schritte bey reinen und unbewölkten Himmel, und dem ſchönſten Sonnenſchein die prachtvollſte und herrlichſte Ausſicht, welche ſich ſtufenweiſe unſern Augen über Land und Meer eröffnete.

Um halb zehn Uhr gelangten wir auf den Gipfel des Berges; ich erkannte bald einen groſsen Theil des Schauplatzes der Gradmeſſung, und da mir aus der *Meridienne vérifiée* und aus der *Déſcription géometrique de la France* von *Caſſini* alle Directions-Winkel bekannt waren, ſo war ich bald in der ganzen Gegend orientirt und mit allen umliegenden Bergſpitzen bekannt. Ich überſah die ganze merkwürdige Bergkette des *Leberon* und mehrere der Dreyecks-Stationen, *les Saintes Maries*, den Berg *des Houpies* und ſogar den *Calviſſon* bey Nimes, den ganzen Lauf der *Durance* und des *Rhône's* bis zu ſeinem Ausfluſse in das Meer. Gegen Norden erblickte ich den *Mont-Ventoux*, gegen Süden die Marſeiller Gebirge, den *Pilon du Roi*, *Gardelaban*, *St. Pilon*, *St. Cery*, *la grande et la petite Etoile* etc. Nähere Gegenſtände, die Stads *Aix*, *Vauvenargues*, *Ste. Antonin*, *Beaurecueil* lagen im ſchönſten Sonnenlichte wie ein *Panorama* vor uns ausgebreitet; oben auf dem Gipfel des Berges fanden wir die beſchädigte Capelle, welche noch mit wüthenden republikaniſchen Inſchriften, *la liberté ou la mort*; *vivre libre ou mourir*, und dergleichen Revolutions-Sprüchen angefüllt war. Ein ziemlich groſses Gebäude lag ganz in Ruinen; Thüren, Fenſter, Fuſsböden, Dächer waren ganz ausgebrochen und zerſtört.

Monatl. Corresp. 1806. *JANUAR.*

Des Einsiedlers Wohnung war in einer Höhle des Berges unter der Terrasse, gleichsam in einem unterirdischen Gewölbe angebracht, und mit vergitterten Zug- und Taglöchern versehen, welche auf dem Fussboden dieser Terrasse angebracht sind, und einem unterirdischen Gefängnisse gleichen. Die Terrasse selbst hat eine eigene schauderhafte Lage, sie ist zwischen zwey hohen ganz kahlen und überhängenden Felsenwänden eingeschlossen, welche eine Schlucht ungefähr in der Richtung von Süden nach Norden bilden. Auf der Südseite ist der senkrechte zu einer schwindelnden Tiefe herablaufende Absturz des Bergfelsens *) mit sehr schö-

*) Dieser senkrechte Abgrund ist in der That so steil und fürchterlich, dass dem Schwindel unterworfene Personen es nicht leicht wagen dürfen, sich diesem Parapet zu sehr zu nahen. Ein paar Jahre vor der Revolution ist ein Abbé *Portalis*, Bruder des jetzigen Ministers *du Culte* in Paris (welcher vordem ein sehr berühmter Parlaments Advocat in Aix war) durch einen heftigen *Mistral* (Nord-Westwind) welcher sich in seinem Sonnenschirm verfangen hatte, über diese Brustwehre hinaus geworfen worden, und auf diese klägliche Art umgekommen. Diese tragische Begebenheit kann nur denjenigen befremdend und unglaublich scheinen, welche keinen Begriff oder Erfahrungen von den fürchterlichen Wirkungen dieses Windes haben, welcher jährlich viel Unheil in der Provence anrichtet. *Plinius* und *Diodorus Siculus* haben diesen Wind, welcher Lastwagen umwirft, schon gekannt, und als einen der heftigsten bekannten Winde beschrieben; er ist der *Circius* der Alten, und *Caesar* liess ihn, nach *Seneca*'s Bericht Tempel und Altäre errichten; besonders heftig wüthet er in der

ſchönen und ſoliden Mauerwerk, welches Bewunderung erregt und verdient, bekleidet. Ueber dem Boden der Terraſſe iſt dieſe Mauer, welche einem *Contrefort* gleicht, zu einer hohen Bruſtwehre aufgeführt, welche aber nicht in einer geraden Linie fortläuft, ſondern in ihrer Mitte einen vorſpringenden Winkel oder den *Angle ſailant* hat, von dem in der *Meridienne vérifiée* ſo oft die Rede iſt, und wo *La Caille* ſeine Azimuthal-Beobachtun-

der *Crau d'Arles* und im Rhône-Thale, welches in ſeiner Richtung liegt, und wo er, während unſers diesmahligen Aufenthalts in der Provence, im Frühjahre die groſse Brücke zwiſchen *Beaucaire* und *Tarascon* fortgeriſſen und über hundert mit Korn, Oel und Wein beladene Schiffe, welche den Rhône auf und abfahren, in ſeine Fluthen verſenkt hatte. Wer das Local der Terraſſe auf dem *Mont Ste. Victoire* und die enge Schlucht zwiſchen den zwey himmelhohen Felſen-Wänden, welche gerade in der Richtung dieſes Miſtrals offen iſt, geſehen hat, kann ſich einen deutlichern Begriff von den unglaublichen Wirkungen eines ſolchen Ouragans auf dieſer Höhe machen. Ob gleich es den Tag, als ich dieſen Berg beſtieg, ganz windſtille war, ſo war doch oben auf dieſer Teraſſe ein ſtarker und beſtändiger Windzug, welcher von Zeit zu Zeit kleine Steinchen von den verwitterten Felſenmaſſen losmachte, welche bey der Todtenſtille, die auf dieſer Anhöhe herrſcht, mit ſtarkem und wiederhallendem Getöſe auf die Terraſſe herabfielen. Die jämmerliche Geſchichte des verunglückten *Abbé* und ein ſehr übel berüchtigtes unergründliches Loch auf dieſem Berge, *Garagail* genannt, von dem viel gefabelt wird, und wo mehrere Perſonen ihr Leben verloren haben ſollen, haben den *Mont Ste. Victoire* in der dortigen Gegend in ſehr ſchlimmen Ruf gebracht.

achtungen angestellt, seine Mittagslinie, durch diesen Winkel gezogen, und die Pulversignale auf *Sts. Maries* beobachtet hatte. Sogar der Platz und die Aushöhlung im Felsen, wo *La Caille's* Pendeluhr gestanden hatte, konnte ich nach dem Kupferstiche, welcher dem *Discours préliminaire* der *Meridienne vérifiée* vorgesetzt ist, deutlich erkennen.

Von dieser Terrasse hat man eine ganz freie Aussicht nach Süden, von Süd-Ost bis West-Süd-West; aber gar keine nach Osten, Westen nnd Norden, wo die hohen umgebenden Felsen-Wände alle Aussicht versperren, daher auch die terrestrische Winkel nicht daselbst, sondern auf einem höheren Puncte des Berges, wo eine ganz freie Aussicht herrscht, und wo eine Signal-Stange gestanden hatte, welche nur 69,5 Toisen von der Eremitage entfernt war, genommen werden mussten; alle astronomische Beobachtungen, welche wegen der Bequemlichkeit des Unterkommens in der Eremitage auf der Terrasse angestellt wurden, mussten daher auf diese Signal-Stange reducirt werden.

Auf demselben vorspringenden Winkel des Parapets, wo *La Caille* vor mehr als einem halben Jahrhundert zu derselben Jahreszeit, an demselben Monatstage mit ähnlichen Beobachtungen beschäftigt war, stellte ich meine Instrumente und künstlichen Horizont auf; ich nahm daselbst 24 correspondirende und 18 Circummeridianhöhen der Sonne, welche mir die Länge und Breite dieser berühmten Bergspitze gaben; das Thermometer zeigte im Mittag 5°,5 Réaum. unter dem Gefrierpuncte,

puncte, bey unserer Ankunft auf dem Berge — 8°, und um halb drey Uhr, als wir den Berg verliefsen und unsere Rückreise antraten — 7°. Die Kälte war äufserst empfindlich, und meine Provencalischen Reisegefährten verliefsen ein gut angemachtes Feuer gar nicht.

Ich sah bey dieser Gelegenheit offenbar die Schwierigkeiten ein, welche ein nächtlicher Aufenthalt auf diesem Berge ohne vorher getroffene gute Anstalten nach sich ziehen würde; erkannte aber zugleich, dafs es keineswegs ein ganz unmögliches Unternehmen sey, eine Nacht daselbst zuzubringen, sobald man nur einige leicht zu treffende Vorkehrungen unternehmen wollte; da ich zugleich recognoscirt hatte, dafs der bequemste Ort, um Pulversignale zu geben, welche zugleich von der Marseiller Sternwarte und von dem *Mont Ste. Victoire* gesehen werden konnten, der fast in gerader Linie zwischen Aix und Marseille gelegene Berg *l'Etoile* war; und da ferner den 7 Februar 1805, eine abermahlige Bedeckung der Plejaden vom Monde und zwar zu einer bequemern Zeit, als am 18 Decbr. Statt hatte, wobey es nicht einmahl nöthig wäre, die ganze Nacht auf dem Berge zu verweilen, da die letzten Austritte sich gegen acht Uhr Abends ereignen und man bey hellem Mondenschein sehr bequem nach *Cabassol* zurückkehren, und daselbst die Nacht in einer Bastide zubringen könnte; so beschlofs ich sogleich, eine zweyte Reise auf den *Mont Ste. Victoire* auf diesen Tag festzusetzen, wo ich diese Bedeckung des Siebengestirns und die Pulversignale zugleich an ei-

nem

nem Tage würde beobachten können. Ich ging demnach mit unsernFührer und Einwohner von *Cabassol* einen Accord ein, kraft welchem er bis zum 5 Februar auf der Eremitage eine Kammer und einen Kaminherd im zerstörten Gebäude zurichten, einen Tisch und ein paar Stühle und genugsamen Holzvorrath hinaufschaffen sollte; er versprach alles dieses für einen bestimmten Preis bis zur festgesetzten Epoche zu leisten.

Nach genommenen nachmittägigen correspondirenden Sonnenhöhen verliessen wir um halb drey Uhr die Eremitage, kamen nach *Cabassol* zurück und langten gegen zehn Uhr Abends wieder in Aix an.

Nachdem ich meine auf den *Mont Ste. Victoire* angestellte Beobachtungen in Rechnung genommen hatte, so ergab sich aus den correspondirenden Sonnenhöhen an zwey Chronometern genommen und aus ihren Gange der Mittags-Unterschied zwischen der Eremitage und dem *Hôtel des Princes* in Aix nach dem Sideral-Zeit laufenden Chronometer 32,″35, und nach einem nach mittlerer Sonnenzeit gestellten 32,″75, *Ste. Victoire* östlich von Aix, das Mittel aus diesen beyden Längenbestimmungen wäre demnach 32,″54 in Zeit. Meine Circummeridianhöhen gaben für die Breite der Eremitage 43° 31′ 53,″5.

Die Höhe dieses Berges gibt *Cassini* auf 486 Toisen über der Meeresfläche an (*Merid. vérif.* pag. 107). *Mr. Piston* aus Marseille, ein grosser Freund barometrischer Höhen-Messungen, dergleichen er unzählige in der Provence angestellt

hat,

IV. Aſtronom. Beob. im ſüdl. Frankreich.

hat, von welchem wir in der Folge mehr erwähnen werden, ſetzt die Höhe dieſes Berges nach eigenen Beobachtungen auf 552 Toiſen *). Nach einer Note, welche mir *Mr. Thulis* mitzutheilen die Güte hatte, ſoll ſich der Barometer auf dieſem Berge 35 Linien unter 28 Zoll, (vorausgeſetzten Barometer-Stand an der Meeresfläche) halten; welches einer Höhe von 475 Toiſen zukommt. Setzt man aber der Wahrheit näher dieſen Barometer-Stand an der See auf 28 Zoll 2 Lin. ſo kommen 477,8 Toiſen für dieſe Bergshöhe, welche mit der *Caſſini*ſchen Angabe nahe übereinkommt.

Der *Mont Ste. Victoire* wird von ältern Schriftſtellern, wie z. B. von dem Jeſuiten *Laval*, (von welchem wir bald öfter zu ſprechen Gelegenheit haben werden), in ſeinen *Divers Voyages géographiques et aſtronomiques en Provence; Paris* 1727; *la Montagne Sainte Venture* genannt. Im *grand Dictionaire géographique et critique* von *la Martiniere* kommt dieſer Berg nur unter dieſer Benennung von *Sainte Venture* und nicht unter jener von *Ste. Victoire* vor. Der Abbé *Papon* in ſeinem *Voyage de Provence, Paris* 1787 glaubt, daſs der Berg den Namen *Victoire* von dem Siege des *Marius* erhalten habe, welchen dieſer römiſche Feldherr unweit davon auf der Ebene zwiſchen *Trets* und *Pourrieres* am Uſer des Fluſses *l'Arc*, über die Ambronen und Teutonen davon getragen hat, und

wo

*) Hieraus folgt, daſs dieſer Berg ungefähr die Höhe unſers groſsen Brocken auf dem Harze hat.

wo nach *Titus Livius* Bericht 200000 Feinde, und nach *Vellejus Paterculus* 150000 Mann auf dem Schlachtfelde geblieben seyn sollen, wodurch dieser Fluss, welcher bey Aix vorbeyfliesst mit Blut gefärbt, und dessen Lauf durch die gehäuften Leichname gehemmt worden seyn soll. *Cajus Marius* liess auf diesem blutigen Schlachtfelde einen Triumphbogen errichten, wovon noch die Fundamente auf dem linken *l'Arc* Ufer zwischen *la grande Peigiere* und *St. Maximin* zu sehen sind. *Papon* ist daher der Meinung, dass das Beywort *Sainte* erst in dem frommen und finstern Mittel-Alter hinzugefügt worden sey, wie es mit dergleichen frommen Aberglauben vielfältig der Fall in der Provence ist *).

Auf der offenen See, wo dieser Berg auf 35 bis 40 Seemeilen weit gesehen wird, dient er den Seefahrern und Steuerleuten zur Erkennung der Küste der Provence und der Bucht von Marseille, und

*) So berichtet z. B. die Legende, dass in den oftbenannten Marktflecken *les Sts. Maries*, sonst auch *les trois Maries* genannt, die drey Marien des Evangeliums aus Palästina ohne Ruder und Segel daselbst gelandet und die erste christliche Kirche in Frankreich gestiftet hatten; dass die heilige Magdalena in der berühmten Höhle *la Sainte Beaume* auf dem *St. Pilon* umher gewandelt, daselbst Busse gethan, und zu *St. Maximin* begraben liege etc., dergleichen grobe Irrthümer sind von den besten geistlichen Schriftstellern und selbst frommen Bischöffen längst widerlegt und aufgedeckt worden, wie in der *Histoire ecclesiastique de Fleury* und in des *Abbé Thiers Dissertation sur la sainte larme de Vendôme*, Chap. IV. u. a. m.

und heiſst in ihrer Seeſprache *Le Danube* oder *La Montagne d' Aix* *).

Bey meiner Zurückkunft in Marſeille ſuchte ich unterdeſſen Anſtalten zu treffen, wie den 7 Februar auf dem *Mont de l'Etoile* die Pulverſignale am ſchicklichſten zu geben wären. Drey Marſeiller Freunde und Liebhaber phyſikaliſcher und chemiſcher Wiſſenſchaften, *Mr. de Fontainieu*, *Mr. de Doran*, und *Mr. Rougier* erboten ſich bereitwilligſt, ſich an dem beſtimmten Tage auf dieſen Berg zu verfügen und daſelbſt zu den verabredeten Zeiten dieſe Feuer zu geben.

Zu Anfang des Februars ſchrieb mir *Mr. Alary* nach Marſeille, daſs auf dem *Mont Ste. Victoire* ſehr hoher Schnee gefallen ſey, und Nachrichten zu Folge, welche er aus *Cabaſſol* und *Vauvenargues* eingezogen, die Paſſage nach der Eremitage ſchlechterdings ungangbar ſey; dieſs hielt mich nicht ab, den 5 Februar nach Aix zu kommen, und meine dienſtfertigen Gehülfen mit einer guten Uhr und ſehr beſtimmten Inſtructionen verſehen, nach der *Etoile* abzuſchicken. *Mr. Thulis* blieb auf ſeinem Poſten zu Marſeille. Unſer Mann aus *Cabaſſol* war ſelbſt nach Aix gekommen und verſicherte, daſs er mit ſeinem Eſel nicht habe durchkommen können, daſs die ganze Nord-Seite des Berges mit hohem Schnee bedeckt, welcher nicht feſt gefroren, und er darinn mit ſeinem Thiere beynahe verſunken ſey. Aus Aix kann man dieſe Nord-Seite des

E 2 Ber-

*) *Le Portulan de la Mer méditerranée, ou le vrai guide des pilotes côtiers, par Michélot. Marſeille, 1775, pag. 158.*

Berges nicht sehen, sondern nur seinen südwestlichen senkrechten Abhang. Um mich daher selbst von der Wahrheit dieser Nachricht zu überzeugen, schickte ich vorerst den 6 Februar in aller Frühe einen sichern Mann auf einem guten Pferde auf Recognoscirung aus, ich folgte ihm Nachmittags mit meiner Caravane nach, und wollte in *Cabassol* übernachten, um den folgenden Tag, den 7 Februar, so früh als möglich auf der Eremitage zu seyn. Allein alle Nachrichten aus der ganzen Gegend waren einstimmig, und mein Fernrohr überzeugte mich in *Cabassol* augenscheinlich von der Unmöglichkeit, diese Bergspitze diesmahl zu erreichen. Ein selbst gewagter, und fruchtlos ausgefallner Versuch würde mich um diesen Tag, um die Beobachtung der Plejaden Bedeckung, und aller Pulversignale gebracht haben, ich eilte noch dieselbe Nacht wieder nach *Aix* zurück, wenn ich nicht den 7ten daselbst alle diese Beobachtungen versäumen wollte.

Den 7 Februar Morgens nahm ich auf dem grossen Balcon meines *Hôtel des Princes* eine grosse Anzahl correspondirender Sonnenhöhen an drey Chronometern und im Mittag viele Meridianhöhen, welche mir für die Breite des Hôtel's 43° 31′ 36,″5 gaben. Gegen drey Uhr Nachmittags nach genommenen correspondirenden Höhen wurden auf der *Etoile*, wo ich meine Gehülfen durch das Fernrohr schon längst gewahr worden war, die 12 verabredeten Pulversignale von fünf zu fünf Minuten gegeben, und zu jedem Signal nicht mehr als vier Unzen des feinsten Schiesspulvers

von

von *Saint-Chamas* abgebrannt *). Sie wurden ſämmtlich von beyden Seiten auf das vollkommen-

ſte

*) Ich hielt es bey Gelegenheit meiner im Jahr 1803 auf dem groſsen Brocken gegebenen Feuerſignale, wo die Pulverblitze auf 32 Meilen weit bis auf den Keulenberg an der Ober-Lauſitzer Gränze geſehen wurden, erſt für eine Unmöglichkeit, dann für eine neue und merkwürdige Entdeckung, daſs man den Feuerblitz ſelbſt da noch wahrnehmen könne, wo man den Ort der Abfeurung nicht mehr ſehen kann. (M. C. IX. B. S. 201 ff.) Allein *nihil novi ſub ſole;* alles dieſes war ſchon da geweſen. Mit Verwunderung fand ich bey Gelegenheit der Unterſuchungen der Provencer Längengradmeſſung in den Mémoiren der Pariſer Academie, Année 1739, pag. 128, daſs Caſſini und de la Caille in Cette dieſelbe Erſcheinung ſchon im Jahr 1739 wahrgenommen hatten. Dieſe zwey Academiker machten erſt Verſuche, Entfernungen durch den Schall und durch den Canonen-Donner zu beſtimmen, ſahen aber bald ein, daſs dieſe Methode keiner groſsen Genauigkeit fähig und daher unbrauchbar ſey; bemerkten aber, daſs die Pulverblitze viel genauer und augenblicklicher zu beobachten wären, und ihrem vorgeſetzten Zwecke entſprechen würden. Sie machten die Erfahrung, daſs die Canonen-Blitze ſelbſt da noch geſehen würden, wo ein dazwiſchen liegender Berg alle Ausſicht dahin verſperrt hatte. *Caſſini's* Worte ſind folgende: *„Ce ſont-là les „éclairciſſements que nous avons cru que l'on pouvoit „déſirer ſur cette matiére, auxquels j'ajoûte ici une „expérience ſur le feu du Canon, qui nous a paru „bien ſinguliére, et qui peut même être très-utile pour „les ſignaux, que l'on fait par ce moyen, en ce que „l'on appercevoit la lumiére de différents endroits, d'où „l'on ne pouvoit diſtinguer le Fanal de Sette, et ſur-„tout de Montpellier, qui ſe trouve préciſément dans*

„la

ſte, ſowohl auf der Marſeiller Sternwarte, als in Aix beobachtet. Mehrere ſcharfſichtige Perſonen, welche den Punkt der Abfeurung wuſsten und ihn daher fixiren konnten, ſahen den Blitz und Rauch mit bloſsen Augen. Ich konnte durch das Fernrohr das brennende Zündlicht erkennen.

Hier folgen dieſe Signale mit den daraus hergeleiteten Längen-Unterſchieden.

Anzahl der Signale	Wahre Stern-Zeit in Aix	Wahre Stern-Zeit in Marſeille	Meridian-Differenz in Zeit, Aix (Hôt. d. Pr.) öſtlich von Marſeille
I	0U 19' 16,"5	0U 18' 58,"3	18,"2
II	24 14, 5	23 56, 8	17, 7
III	29 7, 0	28 49, 0	18, 0
IV	34 20, 5	34 2, 8	17, 7
V	39 23, 8	39 5, 8	18, 0
VI	44 23, 0	44 4, 8	18, 2
VII	49 19, 0	49 0, 8	18, 2
VIII	54 18, 0	53 59, 3	18, 7
IX	59 20, 0	59 1, 0	19, 0
X	1 4 23, 0	1 4 4, 8	18, 2
XI	9 25, 5	9 7, 0	18, 5
XII	14 28, 0	14 9, 3	18, 7

Mittel . . 18,"26.

Drey Emery'ſche Chronometer, welche Marſeiller Zeit in einem Tage nach Aix, und Aix'er Zeit in einem eben ſo kurzen Zeitraume wieder zurück nach Marſeille gebracht hatten, gaben uns folgen-

„*la direction de la Montagne de St. Bauzeli, dont la* „*hauteur eſt de* 130 *toiſes, ce qui n'empêcha pas qu'on* „*ne vit le feu avec la même diſtinction que ſi ces deux* „*lieux ſe fuſſent vûs réciproquement l'un de l'autre.*"

folgende Reſultate für den Mittags-Unterſchied dieſer beyden Städte.

	A.	B.	C.
1805. 7 Febr. im Mittag,			
Voreil. d. Chron. in Aix	−3′ 58,″0	−2′ 27,″3	−3′ 18,″3
— — in Marſeille	−4 16, 7	−2 45, 9	−3 37, 2
	18,″7	18,″6	18,″9

Mittel . . . . . . 18,″73

Das Mittel aus dieſen chronometriſchen Beſtimmungen und aus den Pulverſignalen gibt für den Meridian-Unterſchied in Zeit, *Aix, Hôtel des Princes* öſtlich von Marſeille 18,″5.

Da wir oben geſehen haben, daſs uns den 18 December 1804 zwey Chronometer den Längen-Unterſchied vom *Hôtel des Princes* in Aix, und der Eremitage von *Ste. Victoire* 32,″54 gegeben hatten, ſo folgt daraus der Längen Unterſchied zwiſchen dieſer Eremitage und der Marſeiller Sternwarte 51,″04 in Zeit.

Der trigonometriſche Dreyecks-Punkt in Aix iſt die Kirche *St. Jean*, welche glücklicher Weiſe noch ganz unverſehrt da ſteht *). Nach einem

groſsen

*) Dieſs wird heut zu Tage allemahl nothwendig zu bemerken, da in der Revolutionszeit ſo viele Thürme, Klöſter und Kirchen verſchwunden ſind. Das National-Convent muſste ein eignes Dekret ergehen laſſen, um die Kirchthürme, welche bey der Pariſer Gradmeſſung als Signale und Dreyecks-Punkte gedient hatten, zu erhalten. In Marſeille hat man zwey ſolche Punkte zerſtört, die Kirche auf *Nôtre-Dame de la Garde* und die gothiſche Kirche *des Accoulles*, nur 70 Toiſen von der Sternwarte entfernt. Glücklicher Weiſe hat man den Thurm, welcher zu hoch und zu

feſt

groſsen Grundriſſe (*Plan géometràl*) von der Stadt Aix, auf welcher 100 Toiſen über drey Pariſer Zolle betragen, iſt mein Beobachtungsort im *Hôtel des Princes* 284,5 Toiſen von dieſem Kirchthurme entfernt, der ſenkrechte öſtliche Abſtand von der durch das *Hôtel* gezogenen Mittagslinie 276,5 Toiſen, und der Abſtand von deſſen Perpendikel 68 Toiſen. Hieraus folgt, daſs die Kirche *St. Jean* 28,''94 oder 1,''93

feſt war, nicht abtragen können, er ſteht noch unverſehrt bey der ganz demolirten Kirche. Glaubwürdige und in die geheime Revolutions-Geſchichte eingeweihte Perſonen haben mich verſichert, daſs dieſe Kirchen- und Klöſter-Zerſtörungen mehr Wirkungen der Habſucht, als der Irreligion und des Vandalismus waren. Maurer und Zimmerleute waren gemeiniglich dieſe Kirchenſtürmer. (ſo wie in England die Glaſer-Jungen bey Parlaments-Wahlen die Fenſter einwerfen) Ganze Geſellſchaften ſolcher Handwerker hatten ſich zu dergleichen Speculations-Handel aſſociirt, lieſsen ſich von den Revolutions-Comitéen wo Leute ihres Gelichters den Vorſitz hatten, dieſe angebrochene Gebäude für ein Spottgeld zuerkennen, lieſsen ſie ganz ordnungs- und planmäſsig nach Tagelohn abtragen, und ſo das daraus gewonnene Material an Steinen, Holz, Eiſen, Bley u. dergl. benutzen und verkaufen. Auf dieſe Art iſt die ſchöne und modern gebaute Kirche *St. Ferréol* in Marſeille ſo vollkommen von der Oberfläche der Erde verſchwunden, daſs auch nicht die geringſte Spur von dieſem ehemahligen prachtvollen Gebäude zu erkennen iſt, an deſſen Stelle iſt ein groſser mit hohen Linden bepflanzter und mit ſteinernen Ruhebänken beſetzter Platz gekommen. Ich hatte Mühe, mich in dieſem Stadtviertel, wo ich einſt gewohnt hatte, wieder zu erkennen.

IV. Aſtronom. Beob. im ſüdl. Frankreich.

1,″93 in Zeit öſtlicher und 4,″5 ſüdlicher, als das *Hôtel* liegt, daher beträgt der Längen-Unterſchied zwiſchen dieſer Kirche und der Marſeiller Sternwarte 20,″43 in Zeit.

Den Abend am 7 Februar überzog ſich der Himmel mit laufenden Wolken, doch konnte ich noch folgende Ein- und Austritte der Plejaden erhalten.

Eintritte	Mittlere Zeit		
Merope	5ᵘ	43′	55,″66
Maja	5	49	54, 55
Alcyone	6	18	9, 45
Plejone	7	19	47, 37
Austritt	**Mittlere Zeit**		
Alcyone	7ᵘ	30′	56,″86

Mr. Thulis beobachtete auf der Sternwarte in Marſeille

Eintritte	Mittlere Zeit		
Merope	5ᵘ	43′	52,″45
eines Sterns	6	12	35, 53
Alcyone	6	17	40, 70
Plejone	7	19	39, 12
Atlas	7	24	22, 44
eines Sterns	7	32	38, 59
Austritt	**Mittlere Zeit**		
eines Sterns	8ᵘ	3′	35,″30

Mr. de Flauguerges überſchickte uns aus *Viviers* folgende correſpondirende Beobachtungen:

Eintritte	Mittlere Zeit		
Maja	5ᵘ	51′	2,″9
Alcyone	6	13	17, 8
Austritte	**Mittlere Zeit**		
Maja	6ᵘ	24′	28,″7
Alcyone	7	27	5, 4

Der

Monatl. Corresp. 1806. *JANUAR.*

Der Abbé *de la Caille* beobachtete während ſeines Aufenthalts auf der Eremitage zu *Ste. Victoire* den 7 Januar 1740 die Bedeckung des Sterns μ im Wallfiſch, welche unſers Wiſſens noch nie benutzt worden iſt; er ſah mit dem Fernrohr ſeines Quadranten den Stern in den dunkeln Monds-Rand um 7^{U} 28′ 5″ Abends wahre Zeit eintreten.

Da wir dieſe Sternbedeckung in der *Conn. des tems* vom Jahr 1740 nicht angezeigt finden, ſo wird es ſchwer halten, irgend eine correſpondirende hierzu aufzufinden, unſere Nachforſchungen hiernach waren wenigſtens fruchtlos; inzwiſchen, da die jetzigen Bürg'ſchen Mondstafeln auf einen ſo hohen Grad der Vollkommenheit gebracht ſind, ſo könnte man dieſe Bedeckung damit vergleichen, und den Mittags-Unterſchied daraus herleiten.

In den Mémoiren der Pariſer Academie vom Jahre 1741, pag. 433 finden wir noch eine Beobachtung vom Abbé *de la Caille* auf der Eremitage des *Mont Ste. Victoire* angeſtellt. Es iſt die einer Mondfinſterniſs vom 13 Januar 1740, davon er mit einem ſiebenfüſsigen Fernrohr 29 Phaſen beobachtet hat. Allein dieſe Gattung von Beobachtungen iſt bekanntlich zu unſicher, um daraus gute Längenbeſtimmungen herleiten zu können.

Wir erfahren bey dieſer Gelegenheit, daſs der Abbé *de la Caille* ſich auf dieſer Eremitage einer guten Pendeluhr von *Julien le Roi* bedient, und dieſe ſeit einem Monat nach correſpondirenden Sonnenhöhen berichtiget hatte. Er ſetzt den Längen-Unterſchied zwiſchen Paris und der Eremitage auf 12′ 58″ in Zeit, und ſagt, daſs dieſes das genaue

Reſul-

IV. Aſtronom. Beob. im ſüdl. Frankreich.

Reſultat der unmittelbaren Beobachtungen und der geometriſchen Operationen ſey. Wie genau alles dieſes mit unſern Reſultaten, und mit der geodätiſchen Verbindung des *Mont Ste. Victoire* mit der Marſeiller Sternwarte übereinſtimme, werden wir in der Folge dieſes Aufſatzes ſehen.

In der vormahligen Parlements- und Univerſitäts-Stadt Aix haben wohl ehedem die juridiſchen, die antiquariſchen und die ſchönen Wiſſenſchaften geblüht, nie aber die mathematiſchen und aſtronomiſchen *), daher man nur ein paar, wahrſcheinlich ſehr unſichere Beobachtungen kennt, welche in dieſer Stadt ſeit einem Jahrhundert angeſtellt worden ſind. Ein gewiſſer Prior, Namens *Gaultier* beobachtete daſelbſt eine Sonnen-Finſterniſs

*) Ein neuerer franzöſiſcher Schriftſteller macht von den Provençals folgende Schilderung: „*les Provençaux, ſont gais, vifs, emportés dans leurs plaiſirs comme dans la colère; leur eſprit eſt brillant, leur tête prompte à ſ'enflammer, leur ſang bouillone, ils ſont* „*éloquens, mais ordinairement plus propres aux ou-* „*vrages d'imagination qu'à ceux qui demandent de la* „*méditation et de la profondeur.*" *Mr. d'Urfé* ſagt in ſeiner *Aſtrée* mit etwas ſatyriſcher Laune „*ils ſont dans* „*ce pays-là, riches de peu de bien, glorieux de peu* „*d'honneur, et ſavans de peu de ſcience.*" Ein franzöſiſcher Cosmograph aus dem vorigen Jahrhundert entwirft von dem gemeinen Manne und dem Bauer in der Provence folgendes noch bis jetzt vollkommen paſſendes Bild: „*le payſan y eſt plus ſpirituel qu'en* „*aucun pays de France, et dit ſi bien ſa raiſon, que* „*l'on diroit que quelque habile homme, nourri parmi* „*les affaires, l'a inſtruit en cette ſorte.*"

nifs im Jahr 1684 den 12 Julius, Anfang 2ᵘ 54′ 30″, Ende 5ᵘ 9′ 6″ W. Z. *). Ein Parlaments-Rath *Mr. de Monvalon* beobachtete die Sonnenfinsternifs vom 1 März 1737, Anfang 3ᵘ 3′ 35″, Ende 5ᵘ 28′ 59″ W. Z. **). Da von beyden in diesen Pariser Mémoiren nichts wieder vorkommt, und eben so wenig von ihren Beobachtungen, wie, wo, und mit welchen Werkzeugen sie solche gemacht, wie sie ihre Zeit-Bestimmung erhalten haben, erwähnt wird, so dürfen sie wohl grofsen Zweifeln unterliegen. *Philippe de la Hire* beobachtete 1682 auf seiner astronomischen Reise in die Provence gerade auf demselben Puncte, wo ich meine gegenwärtigen Beobachtungen angestellt habe ***), die Breite von Aix nach der von mir wiederholten und verbesserten Rechnung 43° 31′ 5″. Zwölf Jahre darauf 1694 kamen *Dominique* und *Jaques Cassini*, Vater und Sohn auf einer Reise nach Italien durch diese Stadt, und beobachteten nahe beym *Palais* den 18 October eine Sonnenhöhe, und den 19 eine des *Procyon*, woraus wir im Mittel für diese Breite auf den Kirchthurm von *St. Jean* reducirt die Breite 43° 30′ 51″ fanden. Allein die damahligen Instrumente und Hülfsmittel waren viel zu unzulänglich, um Breiten-

*) Mém. de l'Acad. d. scienc. de Paris, Anneé 1701, pag. 85.

**) Mém. de l'Acad. d. scienc. de Paris, Anneé 1737, pag. 140.

***) Mém. de l'Acad. d. scienc. de Paris. Tom. VII. pag 426.

ten-Beſtimmungen bis auf eine Minute genau damit zu erhalten; (man vergleiche *Caſſini de Thury Déſcription, géometrique de la France*, pag. 28.) Das Mittel aus unſern vier Breiten-Beobachtungen im December 1804 und Februar 1805 gab für die Polhöhe des *Hôtel des Princes* in Aix 43° 31′ 36″, und für den Kirchthurm von *St. Jean* 43° 31′ 32″.

Obbemeldeter Parlaments-Rath *Mr. de Monvalon* ſetzt die Erhöhung der Stadt Aix über der Meeresfläche nach barometriſchen Beobachtungen auf 85 Toiſen *). *Mr. Piſton* ſetzt die mittlere Barometer-Höhe in Aix auf dem Cours auf 27 Zoll 4,75 Lin., welches für die Erhöhung dieſer Stadt 94,8 Toiſen gibt. Nach einem *Nivellement*, welches man im Jahr 1776 zwiſchen Aix und Marſeille unternommen hat, fanden Ingenieurs dieſe Erhöhung 105 Toiſen.

Daſſelbe Unternehmen, welches wir gegenwärtig auf der Eremitage des *Mont Ste. Victoire* ausgeführt haben, könnte man eben ſo leicht und noch bequemer auf der Eremitage *St. Clair* auf dem Berge bey *Cette, le Pilier de Cette* genannt, in Ausführung bringen. So wie wir hier dieſe Eremitage mittelſt der Pulverſignale mit der Marſeiller Sternwarte verbunden haben, ſo könnte man dort daſſelbe mit der Eremitage *St. Clair* und der Sternwarte von Montpellier verſuchen und ſo den gewünſchten Längen-Unterſchied zwiſchen den beyden Eremitagen *St. Clair* und *Ste. Victoire* ausmit-

*) Mém. de l'Acad. d. ſcienc. de Paris, Année 1751, pag. 4.

mitteln. Man kann zwar von *Cette*, (wie wir aus der oben angeführten Stelle des *Cassini* wissen), Montpellier nicht sehen, weil der *Mont St. Bauzeli* diese Stadt, so wie der *Mont l'Etoile* die Stadt Marseille in Aix bedeckt; allein setzen wir den Fall, dass man in Cette gegebene Pulver-Signale in Montpellier nicht wahrnehmen könnte, so wissen wir aus *Picard*'s Beschreibung, (Mém. de l'Acad. Tom. VII. partie I, pag. 344) dass man die Kirche auf der Insel *Maguelone* von diesen beyden Orten zugleich sehen kann; auf dieser ganz nahe an der Küste im *Lac de Thau* liegenden Insel könnte man daher die Pulver Signale geben, und zugleich auf der Sternwarte in Montpellier und auf der Eremitage *St. Clair* beobachten.

Man könnte zwar gegen dieses Verfahren die Einwendung machen, dass die Länge der Sternwarte von Montpellier nicht so genau, als jene von Marseille, wo eine so grosse Menge von Beobachtungen zu diesem Behufe seit einem Jahrhundert angestellt worden, bekannt sey; allein es fehlt an erstern Orte keineswegs an genauen Beobachtungen, wodurch die Länge dieser Sternwarte sehr genau festgesetzt werden könnte, nur müssen solche wiederholt in Rechnung genommen werden. Wir haben hierzu schon mehrere Sternbedeckungen und Sonnenfinsternisse gesammelt, welche ein sehr übereinstimmendes Resultat erwarten lassen, wie man dieses in der Fortsetzung dieser Abhandlung in der Folge sehen wird.

(Die Fortsetzung folgt im nächsten Heft.)

Wissenschaftsgeschichte: reine und angewandte

Die Besinnung auf die historische Entwicklung eines Themas war früher weitaus üblicher als heute – und eher möglich, muß man angesichts der gigantisch gewachsenen Stoffülle zur teilweisen Entschuldigung der Heutigen sagen.
Wir haben bereits in den vorangehenden Texten Zachs Bestreben bemerken können, die historische Perspektive jedenfalls bei größeren Arbeiten mitzugeben. Daher können wir am Ende nur noch kurze Beispiele präsentieren, die zwei entgegengesetzte Aspekte in der Geschichte der Astronomie vertreten. Nach freundlicher Mitteilung von Prof. Schmeidler (München) enthält die Beschreibung von Murr Details, die selbst heute noch nicht allgemein bekannt sind. Die aktuelle Nutzung alter Daten wird im zweiten Beispiel belegt.

Quelle: MC 22 (1810) 320-322

*

Schicksale

der Handschriften *Johann Keplers.*

Vom Herrn von *Murr.*

Hevelius war erster Besitzer derselben, welcher sie von *Keplers* Erben kaufte. Von ihm erbte sie sein Tochtermann *Lange*, Rathsherr in Danzig. Damals waren 29 Volumina vorhanden. Das Verzeichniß, welches *Hevel* davon gab, steht im neunten Bande der *Philosophical Transact.* 1674 Nro. 102 pag. 29 bis 31. Sie wurden glücklich aus dem Brande von 1679 gerettet. S. *Acta erudit. Lips.* 1709. Der Mathematiker *Michael Gottlieb Hansch* kaufte sie im Jahre 1708 von Herrn *Lange*, und erhielt damals auf Empfehlung des k. Bibliothekars und Hofmedicus *Harelli* vom Kaiser *Carl VII* eine großmüthige Unterstützung von tausend Ducaten, nebst einer Pension von 600 Gulden, wodurch er in Stand gesetzt wurde, den ersten Band der *Kepler*schen Briefe[68] im Jahre 1718 mit 8 Kupfertafeln herauszugeben. Verschiedene Unglücksfälle hinderten Hanschen[69] an der Fortsetzung der Herausgabe der Keplerschen Handschriften, und zwangen ihn, diese nun aus 18 Bänden bestehenden Schätze im Jahre 1721 gegen die Summe von 828 Gulden in *Frankfurt* am Main zum Pfand zurück zu lassen, die er auch nie mehr einlösen konnte. Sie kamen durch Erbschaft an die Frau Münzräthin *Trummerin* daselbst, und waren beynahe völlig vergessen, als ich 1769 anfing, sie wieder durch *meine Ermunterungen an die Deutschen, Keplers Schriften zum Druck zu befördern*[70] bekannt zu machen. Ich bat die größten Mathematiker und Astronomen Deutschlands *Hell, Christian Maier, Bernoulli,*[71] *Kästner, Kies* und andere mehr, sich dieser

[68] Aus Vol. VI, VII. und VIII. welche noch in der k.k. Bibliothek zu Wien sind.

[69] Bey meinem zweyten Aufenthalte in Wien 1760 kaufte ich vom damaligen königl. Dänischen Legations-Prediger *Chemnitz Hanschens* übrige Manuscripte, die ich im folgenden Jahre mit nach England nahm, die mathematischen für mich behielt, die theologischen und philosophischen aber verschenkte. *v.M.*

[70] In meinen Anmerkungen über *Lessings Laokoon*. Erlangen 1769.

[71] Dieser hatte die Gefälligkeit mein Verzeichnis an Herrn *La Lande* für das *Journal des Savans* (Fevr. 1774) einzusenden.

Waisen anzunehmen, welche die Besitzerin um eine mäßige Summe feil bot; aber es war vergebens einen Käufer zu finden. Ich schrieb sogar am 4. Febr. 1773 an Herrn *van Mohr*, den großen Kenner der Astronomie in Batavia, der aber 1775 starb, wo diese Handschriften schon in Rußland waren. Unermüdet in meinem Vorsatze, wie ich mir dies von Jugend auf zum Gesetz gemacht habe, entschloß ich mich ein ausführliches Verzeichniß der Manuscripte an die Russisch-Kaiserliche Academie der Wissenschaften nach St. Petersburg zu schicken, wo ich den verstorbenen Staatsrath *v. Sthähelin*, so wie auch die Herren *Euler*, Vater und Sohn, zu Freunden und Gönnern hatte. Diese, nebst den Herren Professoren *Kraft* und *Lexell* unterstützten mein Ansuchen aufs Beste, so daß die Academie der Wissenschaften von der Kaiserin *Catharina II* den Befehl erhielt, das Verzeichnis der *Kepler*schen Handschriften zu untersuchen und Ihr von der Wichtigkeit und innern Werthe derselben, einen ausführlichen Bericht abzustatten. Dieses geschah, und nach einigen Monaten ließ der Herr Präsident der Academie, Graf *Wolodimir Gregoriewitsch Orlow* der Academie wissen, daß die Manuscripte (sie kamen Anfangs Junius 1774 an) von der Monarchin der Academie geschenkt wären, wie mir Hr. *Albert Euler* mit dem Beysatz meldete, *„die Academie ist Ihnen recht sehr verbunden, und dankt für Ihren patriotischen Eifer auf die lebhafteste Weise. Die Art auf welche die K e p l e r s c h e n Handschriften erhandelt worden, ist allemal sehr wunderbar."*

Tantae molis erat Kepleri condere chartas!

Zufolge der fernern Briefe der Herren *Euler* und *Krafft* 1775 und 1778 hatte Herr *Lexell* eine weitläufige Nachricht von diesen Schätzen einzugeben versprochen. Aber der Tod hinderte alles!

Neuer Nutzen alter Daten

Es ist für alle vorwiegend beobachtenden Naturwissenschaften charakteristisch, ganz besonders aber für die Astronomie, daß im Prinzip Beobachtungen unwiederholbar und daher unersetzlich sind. Obwohl die Meßgenauigkeit sich in der Regel laufend verbessert hat, ist es keineswegs so, daß deshalb hinreichend alte Beobachtungen wertlos würden. Es handelt sich ja oft um zeitlich kumulative Effekte (so etwa im einfachsten Fall einer Winkelvariablen, die mit der Zeit monoton zunimmt), bei denen – rückwärts gesehen – der Fehler weniger stark anwachsen kann als das zunehmende Zeitintervall die Bestimmung der Änderungsgeschwindigkeit verbessert. Dazu kommen Phänomene, die noch nicht oder nur zum Teil quantitativ erfaßt werden können, wie z.B. das Helligkeitsverhalten eines periodischen Kometen bei seinen verschiedenen Erscheinungen. Die Wiederauffindung, Sicherung und Neu-Reduktion alter Beobachtungen gehört daher in der Astronomie nicht nur zu ihrer Geschichte, sondern kann zu ganz aktuellen neuen Erkenntnissen beitragen. Einem Beispiel sind wir bereits bei der Einführung von Bessel begegnet, der von Zach entdeckte englische Beobachtungen benutzt hatte.

Eine andere aktuelle Anwendung haben derartige Daten im Falle des Kometen Swift-Tuttle erfahren: Er ist die Quelle des Sternschnuppen-Stroms der Perseiden, und nach Rechnungen des gegenwärtigen „Oberaufsehers" unseres Planetensystems, Brian C. Marsden [34] vom Telegramm-Zentrum der Internationalen Astronomischen Union, besteht eine geringe Chance, daß der Komet im Jahre 2126 der Erde unangenehm nahe kommt. Zu den wesentlichen alten Beobachtungen seines Datenmaterials zählen die 1737 von dem Missionar Ignatius Kegler in China angestellten, die jedoch erstmals 1810 von Zach veröffentlicht wurden (MC 21 (1810), 311, bes. 317ff.)

Quellen

[1] *H. Arnhold*: Das Geographische Institut zu Weimar. Tradition und Gegenwart. Weimarer Schriften 11 (1984).

[2] *E. Berend*: (Ergänzungsband zur Hist.-Krit. Ausgabe) Jean Pauls Persönlichkeit in Berichten der Zeitgenossen, Weimar 1956, S. 15. Über Gotha-Besuche von Jean Paul auch S. 36 (mit G. Merkel) S. 43 (bei H.A.O. Reichard und dem Erbprinz) S. 47 (bei seinem Gevatter Schlichtegroll – der mit dem 'Nekrolog der Deutschen'); über sein Verhältnis zum Herzog gewordenen Erbprinz S. 291

[3] *P. Brosche*: Gotha 1798, Vorder- und Hintergründe des ersten Astronomenkongresses. Photorin 5 (1982) 38

[4] *P. Brosche*: Der Astronom der Herzogin. Zum 150. Todestag von Franz Xaver von Zach. Die Zeit Nr. 36, 3.9.1982
Übersetzung ins Ungarische von L. Patkos:
föld és ég 18 (1983) 274

[5] *P. Brosche*: Die Kosmogonie Anton von Zachs.
Berichte zur Wissenschaftsgeschichte 9 (1986) 89

[6] *P. Brosche*, M. Vargha: Briefe Franz Xaver von Zachs in sein Vaterland.
Publ. Astr. Dept. L. Eötvös Univ. No. 7, Budapest 1984

[7] *P. Brosche*: Gotha und der Seeberg. Zum 100. Gründungstag eines astronomischen, geodätischen und kartographischen Zentrums der Goethezeit
Sterne und Weltraum 27 (1988) 423

[8] *P. Brosche*: Franz Xaver von Zach und die Gründung der Seeberg-Sternwarte bei Gotha 1788.
Jahrbuch Coburger Landesstiftung 33 (1988) 178

[9] *P. Brosche*: Konjunktionen. Briefe Franz Xaver von Zachs. Mitteilungen der Gauß-Gesellschaft 27 (1990) 3

[10] *P. Brosche*: Ahn-Herr der Lichtablenkung.
Lichtenberg-Jahrbuch 1992, Saarbrücken 1993, S. 138

[11] *P. Brosche*: Understanding Tidal Friction: the History of Science *in nuce* Deutsche hydrogr. Zeitschrift.
Erg. Heft Reihe B Nr. 22 (1990) 442

[11a] *P. Brosche:* Auf der Suche nach einem verlorenen Zach-Protrait. Mitt. Gauß-Gesellschaft 34 (1997) 35.

[11b] *P. Brosche, M. Odenkirchen:* C.F. Gauß und die Einführung der Methode der kleinsten Quadrate. Mitt. Gauß-Gesellschaft 33 (1996) 11. Nachträge 34 (1997) 43.

[12] *E. Buschmann* (Hrsg.), Aus Leben und Werk von Johann Jacob Baeyer. Inst. f. Angew. Geodäsie, Frankfurt 1994

[13] *E. F. F. Chladni*: Ueber den Ursprug der von Pallas gefundenen und anderer ihr ähnlichen Eisenmassen... Leipzig und Riga 1794. Unter dem Titel „Über den kosmischen Ursprung der Meteorite und Feuerkugeln" als Ostwalds Klassiker Band 258.

[14] *J. Dhombres*: Le regard étranger sur la vie scientifique francaise vers 1800. In: Mètre et Systèm Métrique (eds. S. Debarbat & A. E. Ten). Valencia 1993, S. 41ff.
Obwohl der Autor auch Zach, Bode und weitere deutsche Quellen zitiert, ist ihm der Seeberg-Kongreß anscheinend unbekannt.

[15] *W. R. Dick*, Die Vorgeschichte von J. J. Baeyers „Entwurf zu einer Mitteleuropäischen Gradmessung". In [12] S. 105-144

[16] *P. von Ebart*: Bernhard August von Lindenau. Gotha 1896. Darin S. 71: Lindenau bittet 1822 Bertuch-Erben um Zach-Briefe wegen geplanter Biographie.

[17] *J. Eisenstaedt*: De l'influence de la gravitation sur la propagation de la lumière en théorie newtonienne. L'archeologie des trous noirs. Archive for the History of Exact Sciences 42 (1991) 315

[18] *H. Esselborn*: Das Universum der Bilder.
Die Naturwissenschaften in den Schriften Jean Pauls.
Niemeyer, Tübingen 1989

[19] *H.-J. Felber (Hrsg)*: Briefwechsel zwischen Alexander von Humboldt und Friedrich Wilhelm Bessel.
Akademie Verlag, Berlin 1994

[20] *D. Gerdes*: Die Geschichte der Astronomischen Gesellschaft. Heimatverein Lilienthal 1990

[21] *J. W. v.Goethe*: Wilhelm Meisters Meisterjahre oder die Entsagenden. Insel Taschenbuch 575, Insel Verlag, Frankfurt 1982. 2. Buch, 9. Kapitel S. 265f.

[22] *W. Gresky*: Über einige Zach-Bildnisse. Photorin 3 (1980) 62

[23] *D. B. Herrmann*: Franz Xaver von Zach und seine „Allgemeinen Geographischen Ephemeriden".
Sudhoffs Archiv 52 (1969) 347

[24] *D. B. Herrmann*: Die Entstehung der astronomischen Fachzeitschriften in Deutschland (1798-1821).
Veröff. der Archenhold-Sternwarte 5 (1972)

[25] *D. B. Herrmann*: Das Astronomentreffen im Jahre 1798 auf dem Seeberg bei Gotha. Archiv for History of Exact Sciences 6 (1970) 326, Kurzfassung: Das Gothaer Astronomentreffen im Jahre 1798 - ein Vorläufer heutiger wissenschaftlicher Kongresse. Sterne 46 (1979) 119

[26] *D. B. Herrmann*: Franz Xaver von Zach als Organisator der astronomischen Forschung zu Beginn des 19. Jahrunderts. Proceedings of XIIIth International Congress of the History of Science, Mowcow, Aug. 18.-24., 1971 Section IA, II. Moscva (1974) 252

[27] *Jean Paul*: Werke. Carl Hanser München, Band 2 (Hrsg. G. Lohmann) 1959, „Blumen-, Frucht- und Dornenstücke oder Ehestand, Tod und Hochzeit des Armenadvokaten F. St. Siebenkäs" 4. Bändchen, Anfang des 19. Kapitel

[28] *Jean Paul*: Levana, Erstes Bruchstück, (Drittes Kapitel), § 17 (Hanser (Hrsg. N. Miller) Bd. 5, S. 551 → in der Anm. S. 1256 fälschlich Verweis auf *Franz* von Zach)
Vorrede zur 1. Aufl.: 2.05.1806
Vorrede zur 2. Aufl.: 21.11.1811
Auch erwähnt bei H. Birus, Der „Orientale" Jean Paul, Jahrbuch 1985 der Jean Paul Gesellschaft, S. 103

[29] *I. Kant*: Allgemeine Naturgeschichte und Theorie des Himmels. Königsberg und Leipzig, 1755. Siehe dazu auch J. Hamel, Mitt. Archenhold-Sternwarte Berlin Bd. 6, Nr. 130 (1979)

[30] *I. Kant*: Über die Vulkane im Monde.
In: Berlinische Monatsschrift (Hrsg. F. Gedike und J. E. Biester) 5. Bd., S. 199 (1785)

[31] *J. de Lalande*: Bibliographie astronomique avec l'histoire de l'astronomie depuis 1781 jusqu'à 1802, Paris 1803

[32] *G. Ch. Lichtenberg*: Vermischte Schriften,
Bd. 6 (Göttingen 1803), S. 172ff.

[33] *Th. Marold*, M. Strumpf: Astronomie in Gotha.
I. Die Seebergsternwarte, Die Sterne 56 (1980) 160
II. Die Sternwarte in der Jägerstraße, Die Sterne 56 (1980) 227

[34] *B. G. Marsden*: Sky & Telescope 85 (1993) 16)

[35] *W. H. McCrea*: Proc. Royal Soc. London Ser. A 256 (1960) 245
[36] *C. A. F. Peters (Hrsg.)*: Briefwechsel zwischen C. F. Gauss und H. C. Schumacher. Altona 1860-1865, 1. Band, S. 289, 293, 316, 319, 320, 351
[37] *M. Strumpf, Th. Marold*: Zur Geschichte der Sternwarten Gothas. Abh. Berichte Regionalgeschichte Gotha (1985) 33
[38] *M. Strumpf, Th. Marold*: Sachzeugen der „astronomischen Epoche" Gothas. Abh. Berichte Regionalgeschichte, Gotha (1987) 17
[39] *M. Strumpf*: Die Seebergsternwarte im Urteil ihrer Zeitgenossen. Die Sterne 64 (1988) 139
[40] *M. Strumpf*: Zur Baugeschichte der Gothaer Sternwarten, Gothaer Museumsheft zur Regionalgeschichte (1993) 35
[41] *A. M. von Thümmel*: Reise in die mittäglichen Provinzen von Frankreich. Leipzig 1791-1805
[42] *D. Wattenberg, P. Brosche*: Archivalische Quellen zum Leben und Werk von Franz Xaver von Zach. Abh. Akad. Wiss. Göttingen Math.-Phys. Kl., Dritte Folge, No. 45 (1993)
[43] *R. Wolf*: Handbuch der Astronomie ihrer Geschichte und Literatur. In zwei Bänden. Zürich 1890 und 1892
[44] *R. Wolf*: Historische Studie über den Freiherrn von Zach und seine Zeit. Astronomische Mitteilungen XXXV. Vierteljahresschrift der Naturforschenden Gesellschaft Zürich 1874
[45] *F. X. von Zach*: L'attraction des montagnes. 2 Bände, Avignon 1814

Verzeichnis der Abbildungen

Sonderband

L. Dunsch · H. Müller

Ein Fundament zum Gebäude der Wissenschaften 100 Jahre Ostwalds Klassiker

In diesem Band sind die vollständigen Angaben zu allen Bänden von Band 1 bis Band 275 enthalten, sowie ein geschlossener Überblick der Geschichte der Reihe.

Band 1

H. von Helmholtz

Über die Erhaltung der Kraft/Über Wirbelbewegungen/Über discontinuirliche Flüssigkeitsbewegungen/Theorie der Luftschwingungen in Röhren mit offenen Enden

▸Reprint der Einzelbände 1, 79 und 80

Hrsg.: A. Wangerin

Band 3

J. Dalton · W.H. Wollaston
A. Avogadro · A. Ampère

Die Grundlagen der Atom- und Molekulartheorie/Versuch einer Methode, die Massen der Elementarmolekeln der Stoffe und die Verhältnisse, nach welchen sie in Verbindungen eintreten, zu bestimmen/ Brief des Herrn Ampère an den Herrn Grafen Berthollet

▸Reprint der Einzelbände 3 und 8

Hrsg.: W. Ostwald

Band 8

A. Avogadro · A. Ampère

Versuch einer Methode, die Massen der Elementarmolekeln der Stoffe und die Verhältnisse, nach welchen sie in Verbindungen eintreten, zu bestimmen.

Jetzt enthalten in Band 3

Band 11

G. Galilei

Unterredungen und mathematische Demonstrationen über zwei neue Wissenszweige, die Mechanik und die Fallgesetze betreffend (Erster bis sechster Tag)

▸Reprint der Einzelbände 11, 24 und 25

Übers. und Hrsg.: A.J. v. Oettingen

Band 20

Ch. Huygens

Abhandlung über das Licht

Worin die Ursachen der Vorgänge bei seiner Zurückwerfung und Brechung und besonders bei der eigentümlichen Brechung des isländischen Spathes dargelegt sind.

Hrsg.: A. J. v. Oettingen

Band 21

J.W. Hittorf

Über die Wanderungen der Ionen während der Elektrolyse (Erster und zweiter Teil)

Abhandlungen. 1853 - 1859

▸Reprint der Einzelbände 21 und 23

Hrsg.: W. Ostwald

Band 23

J.W. Hittorf

Über die Wanderungen der Ionen während der Elektrolyse. Zweiter Teil

Jetzt enthalten in Band 21

Band 24

G. Galilei

Unterredungen und mathematische Demonstrationen über zwei neue Wissenszweige, die Mechanik und die Fallgesetze betreffend. (Dritter und vierter Tag)

Jetzt enthalten in Band 11

Band 25

G. Galilei

Unterredungen und mathematische Demonstrationen über zwei neue Wissenszweige, die Mechanik und die Fallgesetze betreffend. (Fünfter und sechster Tag)

Jetzt enthalten in Band 11

Band 35

J. Berzelius

Versuch, die bestimmten und einfachen Verhältnisse aufzufinden, nach welchen die Bestandteile der unorganischen Natur miteinander verbunden sind.

Hrsg.: W. Ostwald

Band 37

S. Carnot

Betrachtungen über die bewegende Kraft des Feuers und die zur Entwicklung dieser Kraft geeigneten Maschinen

Übers. und Hrsg.: W. Ostwald

Band 44

L. Gay-Lussac · J. Dalton · P. Dulong u.a.

Das Ausdehnungsgesetz der Gase

Abhandlungen 1802-1842

Hrsg.: W. Ostwald

Band 45

H. Davy

Elektrochemische Untersuchungen

Vorgelesen in der königlichen Sozietät zu London als Bakerian Lecture am 20. November 1806 und am 19. November 1807

Hrsg.: W. Ostwald

Band 52

A. Galvani · A. Volta

Abhandlung über die Kräfte der Electricität bei der Muskelbewegung/Untersuchungen über den Galvanismus

▸Reprint der Einzelbände 52 und 118

Hrsg.: A.J. v. Oettingen

Band 59

O. v. Guericke

Neue „Magdeburgische Versuche" über den leeren Raum

Hrsg., Übers. und Anm.: F. Dannemann

Band 66

J.W. Doebereiner · M. Pettendorf

Die Anfänge des natürlichen Systemes der chemischen Elemente

Nebst einer geschichtlichen Übersicht der Weiterentwicklung der Lehre von den Triaden der Elemente

Hrsg.: L. Meyer

Band 68

L. Meyer · D. Mendelejeff

Das natürliche System der chemischen Elemente.

Abhandlungen.

Hrsg.: K. Seubert

Band 69

J.C. Maxwell

Über Faradays Kraftlinien/ Über physikalische Kraftlinien

▸Reprint der Einzelbände 69 und 102

Hrsg.: L. Boltzmann

Band 72

G. Kirchhoff · R. Bunsen

Chemische Analyse durch Spectralbeobachtungen/ Abhandlungen über Emission und Absorption

▸Reprint der Einzelbände 72* und 100**

*Hrsg.: W. Ostwald ** Hrsg.: M. Planck

Band. 79

H. von Helmholtz

Zwei hydrodynamische Abhandlungen

Jetzt enthalten in Band 1

Band 80
H. von Helmholtz
Theorie der Luftschwingungen
Jetzt enthalten in Band 1

Band 81
M. Faraday
Experimentaluntersuchungen über Elektrizität
I. und II. Reihe
Hrsg.: A.J. v. Oettingen

Band 84
C. F. Wolff
Theoria GenerationisÜber die Entwicklung der Pflanzen und Thiere

Band 86
M. Faraday
Experimentaluntersuchungen über Elektrizität
III. bis V. Reihe
Hrsg.: A.J. v. Oettingen

Band 87
M. Faraday
Experimentaluntersuchungen über Elektrizität
VI. bis VIII. Reihe
Hrsg.: A.J. v. Oettingen

Band 96
Sir I. Newton
Optik oder Abhandlung über Spiegelungen, Brechungen, Beugungen und Farben des Lichts
(Erstes bis drittes Buch)
▸Reprint der Einzelbände 96 und 97
Übers. und Hrsg.: W. Abendroth

Band 97
Sir I. Newton
Optik oder Abhandlung über Spiegelungen, Brechungen, Beugungen und Farben des Lichts
(Zweites und drittes Buch)
Jetzt enthalten in Band 96

Band 99
R. Clausius
Über die bewegende Kraft der Wärme und die Gesetze, welche sich daraus für die Wärmelehre selbst ableiten lassen
Hrsg.: M. Planck

Band 100
G. Kirchhoff
Abhandlung über Emission und Absorption
I. Über die Fraunhoferschen Linien
II. Über den Zusammenhang zwischen Emission und Absorption von Licht und Wärme
III. Über das Verhältnis zwischen dem Emissionsvermögen und dem Absorptionsvermögen der Körper für Wärme und Licht
Jetzt enthalten in Band 72

Band 102
J.C. Maxwell
Über physikalische Kraftlinien
Jetzt enthalten in Band 69

Band 106
J. D‘ Alembert
Abhandlung über Dynamik,
Übers. und Hrsg.: A. Korn

Band 110
J. van‘t Hoff
Die Gesetze des chemischen Gleichgewichtes
für den verdünnten, gasförmigen oder gelösten Zustand
Übers. und Hrsg.: G. Bredig

Band 118
A. Volta
Untersuchungen über den Galvanismus
Jetzt enthalten in Band 52

Band 121
G. Mendel
Versuche über Pflanzenhybriden
Zwei Abhandlungen 1866 und 1870
Hrsg.: E. v. Tschermak - Seysenegg

Band 126
M. Faraday
Experimentaluntersuchungen über Elektrizität
IX. bis XI. Reihe (1835)
Hrsg.: A.J. v. Oettingen

Band 128
M. Faraday
Experimentaluntersuchungen über Elektrizität
XII. und XIII. Reihe (1838)
Hrsg.: A.J. v. Oettingen

Band 131
M. Faraday
Experimentaluntersuchungen über Elektrizität
XIV. bis XIX. Reihe
Hrsg.: A.J. v. Oettingen
▸Reprint der Einzelbände 131, 134 und 136

Band 134
M. Faraday
Experimentaluntersuchungen über Elektrizität
XVI. und XVII. Reihe
Jetzt enthalten in Band 131

Band 136
M. Faraday
Experimentaluntersuchungen über Elektrizität
XVIII. und XIX. Reihe
Jetzt enthalten in Band 131

Band 140
M. Faraday
Experimentaluntersuchungen über Elektrizität
XX. bis XXIII. Reihe
Hrsg.: A.J. v. Oettingen

Band 144
J. Kepler
Dioptrik
oder Schilderung der Folgen, die sich aus der unlängst gemachten Erfindung der Fernrohre für das Sehen und die sichtbaren Gegenstände ergeben.
Übers. und Hrsg.: F. Plehn

Band 160
S. Arrhenius
Untersuchungen über die galvanische Leitfähigkeit der Elektrolyte
Übers.: A. Hamburger, Hrsg.: O. Sackur

Band 162
G.W. Leibniz · Sir I. Newton
Über die Analysis des Unendlichen/ Abhandlung über die Quadratur der Kurven
▸Reprint der Einzelbände 162 und 164
Übers. und Hrsg.: G. Kowalewski

Band 164
Sir I. Newton
Abhandlung über die Quadratur der Kurven
Jetzt enthalten in Band 162

Band 180
R. Mayer
Die Mechanik der Wärme
Zwei Abhandlungen
Hrsg.: A.J. v. Oettingen

Band 199

A. Einstein · M. v. Smoluchowski

Brownsche Bewegung

▸*Reprint der Einzelbände 199 und 207*

Band 201

Archimedes

Abhandlungen

Über Spiralen

Reprint der Einzelbände 201, 202, 203, 210 und 213

Übers., Anm. u. Anh.: A. Czwalina-Allenstein

Band 202

Archimedes

Kugel und Zylinder

Jetzt enthalten in Band 201

Band 203

Archimedes

Die Quadratur der Parabel/ Über das Gleichgewicht ebener Flächen

Jetzt enthalten in Band 201

Band 206

M. Planck

Die Ableitung des Strahlungsgesetzes

Sieben Abhandlungen aus dem Gebiete der elektromagnetischen Strahlungstheorie

Anm.: F. Reiche

Band 210

Archimedes

Über Paraboloide, Hyperboloide und Ellipsoide

Jetzt enthalten in Band 201

Band 213

Archimedes

Über schwimmende Körper /Die Sandzahl

Jetzt enthalten in Band 201

Band 228

W. Wien · O. Lummer

Das Wiensche Verschiebungsgesetz/Die Verwirklichung des schwarzen Körpers

Hrsg.: M. v. Laue

Band 233

P.S. de Laplace

Philosophischer Versuch über die Wahrscheinlichkeit

Hrsg.: R.v. Mises

Band 235

Euklid

Die Elemente

Bücher I bis XIII

▸Reprint der Einzelbände 235, 236, 240, 241, 243

Hrsg. und Übers.: C. Thaer

Band 236

Euklid

Die Elemente

Buch IV bis VI

Jetzt enthalten in Band 235

Band 240

Euklid

Die Elemente

Buch VII bis IX

Jetzt enthalten in Band 235

Band 241

Euklid

Die Elemente

Buch X

Jetzt enthalten in Band 235

Band 243

Euklid

Die Elemente

Buch XI bis XIII

Jetzt enthalten in Band 235

Band 244
G.S. Ohm · G.T. Fechner
Das Grundgesetz des elektrischen Stromes
Drei Abhandlungen
Hrsg.: C. Piel

Band 251
H. Hertz
Über sehr schnelle elektrische Schwingungen
Vier Arbeiten.
Einl. und Anm.: G. Hertz

Band 252
D. Hilbert
Die Hilbertschen Probleme
Vortrag „Mathematische Probleme" von D. Hilbert, gehalten auf dem 2. Int. Mathematikerkongreß Paris 1900.
Erläuterungen: P.S. Alexandrov u.a.

Band 253
F. Klein
Das Erlanger Programm
Vergleichende Betrachtungen über neuere geometrische Forschungen
Einl. und Anm.: H. Wußing

Band 254
F. Crick · R. Holley · J. Watson · u.a.
Molekulargenetik
Beiträge zu ihrer Entwicklung.
Ausw., Einl. und Komm.: E. Geißler

Band 255
E. Hertzsprung
Zur Strahlung der Sterne
Drei Arbeiten
Einl. und Anm. : D.B. Herrmann

Band 256
C.F. Gauß
Mathematisches Tagebuch 1796 - 1814
Einf.: K.-R. Biermann, Anm.: H. Wußing
Übers.: E. Schuhmann

Band 257
W. Ostwald
Gedanken zur Biosphäre
Sechs Essays
Einl. und Anm.: H. Berg

Band 258
E.F.F. Chladni
Über den kosmischen Ursprung der Meteorite und Feuerkugeln

Band 259
C. Schorlemmer
Der Ursprung und die Entwicklung der organischen Chemie
Einl. und Anm.: Chr. Duschek, G. Fuchs

Band 260
G. Harig
Physik und Renaissance
Zwei Arbeiten zum Entstehen der klassischen Naturwissenschaften in Europa
Einf.: H. Wußing

Band 261
L. Euler
Zur Theorie komplexer Funktionen
Übers.: W. Purkert, H. Maser, H. Müller, R. Thiele, O. Neumann, A. Wangerin, E. Schuhmann.
Einl. und Anm.: A.P. Juschkewitsch

Band 262
M. Volmer
Zur Kinetik der Phasenbildung und der Elektrodenreaktionen
Acht Arbeiten
Einl. und Anm.: L. Dunsch

Band 263
H. Hertz
Die Prinzipien der Mechanik in neuem Zusammenhange dargestellt
Vorw.: H. Helmholtz, Vorb.: P. Lenard, Einl. und Anm.: J. Kuczera

Band 264
M. von Ardenne
Arbeiten zur Elektronik
Erl.: H. Berg und S. Reball

Band 265
J.H. van´t Hoff
Studien zur chemischen Dynamik
Übers., Einl. und Anm.: L. Dunsch

Band 266
J. Heyrovsky
Polarographie
Übers.: W. Wanek.
Einl. und Anm.: J. Koryta und H. Berg

Band 267
W. Ostwald
Zur Geschichte der Wissenschaft
Vier Manuskripte aus dem Nachlaß
Einf. und Anm.: R. Zott

Band 268
K. A. Möbius
Zum Biozönose - Begriff
Einl. und Anm.: G. Leps

Band 269
P.S. Pallas
Über die Beschaffenheit der Gebirge und die Veränderungen der Erdkugel
Erl.: F. Wendland

Band 270
C.R. Fresenius, J. Marsh, M. Orfila, u.a.
Dokumente zur Entwicklung der Toxikologie im 19. Jahrhundert
Hrsg.: R. K. Müller

Band 271
J.W. Ritter
Entdeckungen zur Elektrochemie, Bioelektrochemie und Photochemie
Ausw., Einl. und Erl.: H. Berg und K. Richter

Band 272
F. Runge · R. Liesegang · B. Belousov
A. Zhabotinsky
Selbstorganisation chemischer Strukturen
Ausw., Einl., Komm.: L. Kuhnert und U. Niedersen

Band 274
H. Sachse · E. Mohr
Zur Konformation des Cyclohexans
Zwei Arbeiten von Hermann Sachse und Drei Arbeiten von Ernst Mohr
Einl. und Anm: H. Remane

Band 275
M. Schleiden · T. Schwann · M. Schultze
Klassische Schriften der Zellenlehre
Einl. und Bearb.: I. Jahn

Band 276
E. Abbe
Briefwechsel mit Adolf Ferdinand Weinhold

Band 277
J.-P. de Lamarck
Zoologische Philosophie. Teil 1

Band 278
J.-P. de Lamarck
Zoologische Philosophie. Teil 2

Band 279
J.-P. de Lamarck
Zoologische Philosophie. Teil 3

Band 280
Astronomie der Goethezeit
Textsammlung aus Zeitschriften und Briefen Franz Xaver von Zachs
Hrsg.: P. Brosche

Band 281
M. Eigen
Die „unmeßbar" schnellen Reaktionen
Frühe Arbeiten
Vorwort und Einf.: R. Winkler-Oswatitsch

Band 282
E. Haeckel
Entwicklungslehre
Gemeinverständliche Vorträge und Abhandlungen
Einführung: E. Krauße

Band 283
J. von Gerlach
Die Anfänge der histologischen Färbung und der Mikrophotographie
Josef von Gerlach als Wegbereiter
Hrsg.: D. Gerlach